解 读 地 球 密 码

丛书主编　孔庆友

国粹之石

玉石

Jade
Quintessence Stone

本书主编　石业迎　王秀凤　张　震

山东科学技术出版社

·济南·

图书在版编目（CIP）数据

国粹之石——玉石 / 石业迎，王秀凤，张震主编. --济南：山东科学技术出版社，2016.6（2023.4 重印）（解读地球密码）
ISBN 978-7-5331-8372-1

Ⅰ.①国… Ⅱ.①石… ②王… ③张… Ⅲ.①玉石—普及读物 Ⅳ.① TS933.21-49

中国版本图书馆 CIP 数据核字 (2016) 第 141411 号

丛书主编　孔庆友
本书主编　石业迎　王秀凤　张　震

国粹之石——玉石

GUOCUI ZHI SHI——YUSHI

责任编辑：焦　卫　宋丽群
装帧设计：魏　然

主管单位：山东出版传媒股份有限公司
出 版 者：山东科学技术出版社
　　　　　地址：济南市市中区舜耕路 517 号
　　　　　邮编：250003　电话：（0531）82098088
　　　　　网址：www.lkj.com.cn
　　　　　电子邮件：sdkj@sdcbcm.com
发 行 者：山东科学技术出版社
　　　　　地址：济南市市中区舜耕路 517 号
　　　　　邮编：250003　电话：（0531）82098067
印 刷 者：三河市嵩川印刷有限公司
　　　　　地址：三河市杨庄镇肖庄子
　　　　　邮编：065200　电话：（0316）3650395

规格：16 开（185 mm×240 mm）
印张：6.5　字数：117 千
版次：2016 年 6 月第 1 版　印次：2023 年 4 月第 4 次印刷
定价：32.00 元

审图号：GS（2017）1091 号

普及地质科学知识
提高民族科学素质

李廷栋
2016年元月

传播地学知识，弘扬科学精神，
践行绿色发展观，为建设
美好地球村而努力。

翟裕生
2015年10月

贺　词

　　自然资源、自然环境、自然灾害，这些人类面临的重大课题都与地学密切相关，山东同仁编著的《解读地球密码》科普丛书以地学原理和地质事实科学、真实、通俗地回答了公众关心的问题。相信其出版对于普及地学知识，提高全民科学素质，具有重大意义，并将促进我国地学科普事业的发展。

国土资源部总工程师

　　编辑出版《解读地球密码》科普丛书，举行业之力，集众家之言，解地球之理，展齐鲁之貌，结地学之果，蔚为大观，实为壮举，必将广布社会，流传长远。人类只有一个地球，只有认识地球、热爱地球，才能保护地球、珍惜地球，使人地合一、时空长存、宇宙永昌、乾坤安宁。

山东省国土资源厅副厅长

编著者寄语

★ 地学是关于地球科学的学问。它是数、理、化、天、地、生、农、工、医九大学科之一，既是一门基础科学，也是一门应用科学。

★ 地球是我们的生存之地、衣食之源。地学与人类的生产生活和经济社会可持续发展紧密相连。

★ 以地学理论说清道理，以地质现象揭秘释惑，以地学领域广采博引，是本丛书最大的特色。

★ 普及地球科学知识，提高全民科学素质，突出科学性、知识性和趣味性，是编著者的应尽责任和共同愿望。

★ 本丛书参考了大量资料和网络信息，得到了诸作者、有关网站和单位的热情帮助和鼎力支持，在此一并表示由衷谢意！

科学指导

李廷栋　中国科学院院士、著名地质学家
翟裕生　中国科学院院士、著名矿床学家

编著委员会

主　　任	刘俭朴　李　琥
副 主 任	张庆坤　王桂鹏　徐军祥　刘祥元　武旭仁　屈绍东
	刘兴旺　杜长征　侯成桥　臧桂茂　刘圣刚　孟祥军
主　　编	孔庆友
副 主 编	张天祯　方宝明　于学峰　张鲁府　常允新　刘书才
编　　委	（以姓氏笔画为序）

卫　伟　王　经　王世进　王光信　王来明　王怀洪
王学尧　王德敬　方　明　方庆海　左晓敏　石业迎
冯克印　邢　锋　邢俊昊　曲延波　吕大炜　吕晓亮
朱友强　刘小琼　刘凤臣　刘洪亮　刘海泉　刘继太
刘瑞华　孙　斌　杜圣贤　李　壮　李大鹏　李玉章
李金镇　李香臣　李勇普　杨丽芝　吴国栋　宋志勇
宋明春　宋香锁　宋晓媚　张　峰　张　震　张永伟
张作金　张春池　张增奇　陈　军　陈　诚　陈国栋
范士彦　郑福华　赵　琳　赵书泉　郝兴中　郝言平
胡　戈　胡智勇　侯明兰　姜文娟　祝德成　姚春梅
贺　敬　徐　品　高树学　高善坤　郭加朋　郭宝奎
梁吉坡　董　强　韩代成　颜景生　潘拥军　戴广凯

编辑统筹　宋晓媚　左晓敏

目 录

CONTENTS

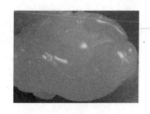

Part 2 玉石形成揭秘

形成玉石矿床的地质作用/9

按引起地质作用的能量来源和演化历程，形成玉石矿床的地质作用分为内生作用、外生作用和变质作用三大类。

中国玉石矿床类型/14

据《山海经》记载，中国产玉的地点有200多处。随着科学技术的进步，越来越多的玉石矿床被发现，玉石矿床的产地也越来越多。

Part 3 玉石文化诠释

玉之"五德"/18

中国玉文化是一种有深刻内涵的传统文化，最突出的特点还在于"以德比玉"。

玉之历史/19

中国是世界上用玉最早的国家，中华民族8 000年的玉文化源远流长。玉的质地高雅，历来被视为圣洁之物，作为权力和吉祥的象征，得到了历代王公贵族的喜爱。与此同时，玉文化的发展也对中华文明的形成起到了一定的推进作用。

历史名玉荟萃

翡翠是一种以硬玉矿物为主的辉石类矿物集合体。它的颜色不均一，伴有红色、绿色、黄色、紫色的色团、色带，其颜色之美与翡翠鸟身上的颜色相似，所以统称此类玉石为翡翠。

新疆和田玉是世界罕有的白玉，尤其以色如凝脂的羊脂白玉为尊，极其珍贵。另外，和田玉有多种皮色，有秋梨、芦花、枣红、鹿皮等等颜色。可利用其皮色巧雕，制作俏色玉器。从古至今，和田玉都被看作绝对的珍宝。

岫玉产于中国辽宁岫岩，其质地坚实而温润、细腻而融合，多呈绿色，其中以纯白、金黄两种颜色极为罕见。

河南独山玉是我国玉石家族中影响较大的一个玉种，因产于河南南阳独山而得名。独山玉开发历史悠久，南阳县黄山出土的文物"南阳玉玉铲"，属于新石器时代，距今约6 000年。独山玉玉质坚韧细密，柔和润泽，光泽透明，有绿、白、黄、紫、红等多种色彩类型，非常美丽。

绿松石又名"绿宝石"，因其形似松球且色近松绿而得名。

Part 5 现代名玉聚珍

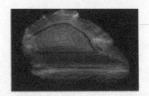

文士之宠——印章石/84

　　印章是我国传统文化的一个特色。印章石在我国产地广泛，种类繁多，寿山石、青田石、昌化石、巴林石并称为"四大印章石"。

地学知识窗

Part 1

玉石知识入门

在世人心目中，玉器与中国的关系，就像陶瓷、茶与中国的关系一样密切；在历史长河中，玉器是一颗璀璨夺目的明珠，也是人类文化的一块瑰宝。

玉石的概念

一、玉石的定义

温润有光泽的美石，可以为我们的物质、经济、生活、使用所服务，可统称玉石（广义）。

玉石（狭义）一般是指自然界产出的，具有美观、耐久、稀少和工艺价值的矿物集合体，主要包括翡翠、和田玉、岫玉、独山玉、玛瑙等。

《说文解字》关于玉的解释："石之美者，玉也。"《辞海》将玉定义为"温润而有光泽的美石"。天然玉石是指由自然界产出的，具有美观、耐久、稀少性和工艺价值的矿物集合体，少数为非晶质体。玉石琢磨后，可显示出抛光面细腻、柔和、有油脂感等特色。

中国文化中的玉，内涵较宽，并不只是其在矿物学上的意义。凡具有坚韧的质地、晶润的光泽、绚丽的色彩、致密而透明的组织、舒扬致远的声音的美石，都被认为是玉。

对玉石的科学定义既应考虑材料的本质属性，又要尊重历史事实。从这一角度出发，现代人对玉石的初步定义：玉石是主要以矿物集合体组成、能用来雕琢玉器工艺品或做其他珠宝饰品的多晶质、隐晶质和非晶质材料的总称。个别情况下，也包括一些能用来雕琢玉器工艺品的单矿物晶体或晶体碎块。

玉石按照摩氏硬度不同，分为软玉和硬玉。通常来讲，软玉的硬度一般为5.6~6.5，硬玉的硬度为6.5~7。

狭义的玉石有硬玉和软玉两类：硬玉主要以翡翠为主，软玉以和田玉为主。而广义的玉石，包括和田玉、岫岩玉、独山玉、玛瑙、绿松石、青金石、孔雀石等10多种软玉，而硬玉一般单只指翡翠。

——地学知识窗——

摩氏硬度

莫氏硬度是表示矿物硬度的一种标准，1812年由矿物学家腓特烈·摩斯首先提出。测得划痕的深度分10级来表示硬度（刻划法）：滑石1（硬度最小），石膏2，方解石3，萤石4，磷灰石5，正长石6，石英7，黄玉8，刚玉9，金刚石10。

二、玉石的评价原则

俗语说"黄金有价玉无价"，或谓玉石"价值连城"。据说秦昭王曾以15座城去换一块珍贵的和氏璧。玉石如此珍贵，原因何在呢？

1. 稀少

物以稀为贵。在地壳下，玉石的形成过程是极其漫长的，尤其是翡翠、白玉、玛瑙、青金等更加难得。中国古代采玉人骑着牦牛，翻山越岭到山上找玉，靠着牲口的四蹄把露头或半露头的玉石踏踩出来。有的玉石顺山水、冰川冲到下游，途中便被人捞走了。后来，玉石越来越少，才开始凿山开矿，攻山采玉。相传古人认为玉为阳精，须用阴气相召，玉石才不致流失，否则难以得到美玉。据记载，古时在新疆和田采玉，曾以女人裸体入水捞取。采到一块好玉是极不容易的。

2. 坚硬

硬玉质地细密坚韧，硬度相当大。如果把金刚石的硬度定为10度，那么最硬的玉石如翡翠则能达到8度、9度。一般来说，硬度在6度以上的称为硬玉。只有金刚砂和金刚钻粉工具才能磨制硬玉，多硬的钢刀之类都是无济于事的。硬玉被琢磨成为玉器，呈半透明，柔润光洁，晶莹美丽，肉眼便分辨不出矿物的颗粒了。硬度在6度以下的玉石为软玉。软玉质地较软，韧性较好，一般都能用刀刻划。

3. 色彩美丽

相传，在凤凰栖息过的地方，都有美玉。玉石具有丰富的天然色彩，有白如羊脂、红如鸡血、绿如碧海……可加工成戒指或耳环等玉器，不褪色、不变质、坚固耐用，是高级装饰品。有的玉石有好几种颜色，称为"巧色"。即使有些玉石质地不纯，但一经匠心巧琢，变瑕疵为美点，把瑕疵琢成花上小虫或树上松鼠，惟妙惟肖，引人入胜。

中国民间说"玉不琢，不成器"。古人最早用石、骨等工具，借用沙粒、水为介质来琢磨玉石，很费功夫。后来才用铁、铜做圆盘，借用金刚砂或金刚钻粉等介质，便加快了玉器的雕琢。玉雕由过去的人工操作逐渐走向半机械和电气化，生产率提高了，但天然玉料却越来越少，所以玉器价格仍然是昂贵的。

玉石的分类

据矿物组成成分，玉石可分为以下几类。

（1）石灰岩类：此类玉石的主要矿物成分为碳酸钙，主要包括大理石、汉白玉等。

（2）石英岩类：此类玉石的主要矿物成分为二氧化硅，主要包括玛瑙、黄龙玉、玉髓、东陵玉、密玉等。

（3）透闪石类：此类玉石的主要矿物成分为钙镁硅酸盐，代表种类为和田玉（有新疆料、青海料、俄料、韩料、阿富汗料之分）。

（4）蛇纹岩类：此类玉石的主要矿物成分为富镁硅酸盐，主要包括岫玉、泰山玉、蓝田玉等。

（5）长石类：此类玉石的主要矿物成分为钙铝硅酸盐，代表种类为独山玉。

（6）辉石类：此类玉石的主要矿物成分为钠铝硅酸盐，代表种类为翡翠。

我国玉石分布及特征

我国许多地方均有玉石资源分布。

一、辽宁玉石

辽宁玉石有三个品种：代表我国岫岩玉鼻祖的岫岩县玉石，简称岫玉；阜新的玛瑙玉石；海城出产的海城玉石。

岫岩玉呈碧绿色、绿色、淡绿色、灰色、白色、黑灰色、花色或黄色，透明度较好。可分为5个档次：纯白色、白绿色、翠绿色、暗绿色和微黄色。

玛瑙产于阜新老河土甄家窝卜村和梅力板村，多呈红、白、黑绿、灰、瓷白、酱紫或黄色等。其中，鸡血玛瑙最为著名；次之为山水、人物玛瑙；中品有柏枝玛瑙、合子玛瑙、截子玛瑙（红白相间）、缠丝玛瑙（红白杂色如丝）、苔藓玛瑙、碧玉玛瑙、珊瑚玛瑙、锦红玛瑙、曲蟮玛瑙；下品有淡水色的浆水（中生黑线）玛瑙、色如海蜇色的鬼石花玛瑙。

海城玉石产于海城，玉石呈微透明状，灰绿色。

二、新疆玉石

新疆玉石分为和田羊脂白玉、青玉、青白玉、碧玉、墨玉、黄玉、哈密玉、哈密翠、玛纳斯碧玉、蛇纹石玉、玉髓、芙蓉石、紫丁香玉、萤石玉、新疆独山玉、岫玉、特斯翠玉等。

上品羊脂玉有两种色泽：以无瑕、点、绺的籽玉为贵，呈蜡质光泽，有羊油脂白状，温润宜人，多出产在新疆和田的玉龙喀什河和喀拉喀什河流域；略带青灰色的羊脂玉，温润可人，有强烈的蜡质感。

青玉，多呈碧青色且略带灰色；青白玉，青白色相间；碧玉，色如深色湖蓝水；墨玉，带有墨绿、深灰黑点和晕带，以深墨绿色为珍品；黄玉，灰青色中泛黄，质地坚硬；玉髓是玛瑙的另一个分支，多泛黄色或白色；新发现的新品哈密翠颜色接近孔雀石；芙蓉石呈蔷薇花的粉红色，实属水晶的一个品种。

新疆所产的上等玉石分布在南疆的昆

仑山区，东起且末西至塔什库尔干，共有玉矿点20多处，玉石带全长1 200余千米。新疆玉石集散地有莎车、塔什库尔干、和田、且末，中部天山地区的玛纳斯，以及北疆的阿尔金山等地。

三、湖北玉石

湖北玉石有绿松石、硅化孔雀石、百鹤玉石和玛瑙等。绿松石产于郧县、郧西县和竹山县，硅化孔雀石产于大冶铜绿山。前者多呈鱼白绿色、绿色或天蓝色，后者呈绿色或翠绿色，色彩鲜艳。百鹤玉石产于鹤峰县，呈霞红、果绿、奶白三色交融色。

四、河南玉石

河南玉石有独山玉、密玉、梅花玉、黑绿玉和西峡玉。独山玉又称南阳玉，产于南阳市东北郊的独山，色彩丰富，呈紫、黑、褐、蓝、绿、青、红、白及各色混合色彩。分为红芙蓉玉、绿玉、绿白玉、天玉、翠玉、青独山、黑独山、紫独山。其中以翠、绿、红三色为上品，水白玉次之，以上四品色玉俗称南阳翡翠。南阳玉石除翠玉呈半透明或透明外，其余均不透明。密玉产于密县西部山区，质地较细，呈肉红、翠绿、橙黄、烟灰或黑褐等色。西峡县还产一种叫西峡的玉石，为透

明或不透明状体，为乳白色，质地略微细润，玉石外有黄褐微红的石皮。

五、山东玉石

山东玉石有玛瑙、泰山玉。玛瑙产于莒南、莒县、费县、沂水、临沂及日照等市县。玛瑙质地不佳，半透明，多呈灰、白、红三色，石上有苔纹和胡桃纹理。泰山玉产于泰安市、泰安与济南交界的长清区境内，玉石坚硬，透明度好，以绿色、深绿色为主。

六、陕西玉石

陕西玉石有绿松石、绿帘玉石、桃花玉石、丁香紫玉、商洛翠玉、洛翠玉、碧玉、蓝田玉和墨玉等。

绿松石产于白河、安康、平利县，呈鱼白绿色、绿色、天蓝色或黄蓝色。

绿帘玉玉石透明或半透明，呈绿色、红色或红褐色，玉石上常有裂绺纹。

桃花玉石透明或半透明，无绺纹，色彩纯正，以玫瑰红为主，次为深红、粉红。

丁香紫玉产于商南山中，呈团块状，浅红色与粉红色，半透明状。

商洛翠玉产于商南县赵川窟窿，呈绿色，微透明，质地较细。玉石中稍带裂绺和白色杂质。

洛翠玉产于洛南县黄花丈，呈嫩蓝色、蓝绿色，微透明，绺纹较多。

碧玉产于商南县双庙岭、大苇园一带，呈蓝灰色，微透明或不透明。

蓝田玉产于蓝田县玉川乡，呈灰、黄、绿、黑，中有花纹，质地较细，光洁晶莹。

墨玉产于富平县和尚南县松树沟。玉石呈黑棕色，不透明，较好的品种为水草翠与乌龙睛。

七、内蒙古玉石

内蒙古玉石有玛瑙、芙蓉石、佘太翠与德岭红玉石。玛瑙产量极大，西从阿拉善盟济纳旗至东边的呼伦贝尔市的莫力达瓦达翰尔大戈壁中，唾手可得。

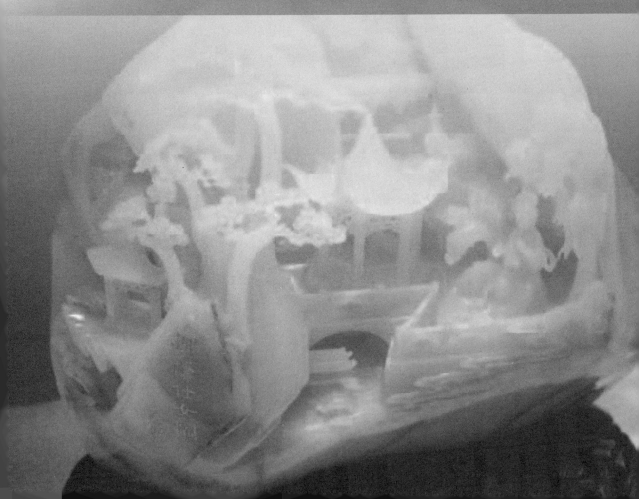

玉石形成揭秘

玉石作为地质作用的产物，其形成过程非常复杂。这些复杂的地质作用按性质和能量来源可分为内生成矿作用、外生成矿作用和变质成矿作用。

形成玉石矿床的地质作用

按 引起地质作用的能量来源和演化历程，形成玉石矿床的地质作用分为内生作用、外生作用和变质作用三大类。

一、内生作用

内生作用是指与岩浆活动相关的各种作用。岩浆是起源于地下深处的成分复杂的熔融体。其中，含量最多的是Fe、Ca、Na、K、Mg、Al等的硅酸盐熔体，约占岩浆总量的90%；其次为所谓的挥发组分，主要是H_2O、CO_2、H_2S，Cl、F、B及其化合物，在高温下以气体状态存在，占岩浆总量的8%~9%；含量最少的是各种微量元素，占岩浆总量的1%~2%。不同地区、不同时期和不同成因的岩浆，成分常有差异。内生作用可根据岩浆演化阶段和物理化学条件的不同，大致分为以下几个阶段：

1. 岩浆作用阶段

岩浆在地下逐渐冷却时，首先结晶析出的是含量大、结晶温度高的矿物，如橄榄石、辉石、角闪石、长石、云母及石英等，这些矿物组成各种侵入岩。由于化学成分不同，侵入岩又可分为几类，每类侵入岩的矿物组合明显不同。

（1）超基性岩：如橄榄岩，其SiO_2含量<45%，主要矿物有橄榄石、辉石等。由于SiO_2含量低，这类岩石几乎不含石英。

（2）基性岩：如辉长岩，SiO_2含量在45%~53%之间，主要矿物有辉石和斜长石等。

（3）中性岩：如闪长岩，SiO_2含量在53%~66%之间，主要矿物有角闪石和斜长石等。

（4）酸性岩：如花岗岩，SiO_2含量为66%，主要矿物有斜长石、石英和云母等。

此外，还有SiO_2含量不足但K和Na含量很高的碱性岩等。

在岩浆作用阶段，还可以形成铂族金属元素、磁铁矿以及铜、铁、镍的硫化物。

在岩浆作用过程中，温度一般在800℃以上，压力可达数千个大气压。岩体越大，温度下降越慢，结晶时间越长，晶体越大。其颗粒达到宝石学要求时，便可形成宝石矿床，如橄榄石矿床。

9

2. 伟晶作用阶段

随着岩浆作用中硅酸盐的大量析出，岩浆中的挥发组分相对增加，如果有适当的外部条件，使挥发性组分不致迅速逸出，即可形成富含挥发组分的所谓的"伟晶岩浆"。岩浆在这种特殊的条件下形成矿物的作用称为伟晶作用。伟晶作用往往在岩体顶部或围岩的裂隙中进行，其矿物集合体称为伟晶岩。伟晶岩矿物组合有三个特征：

（1）主要矿物与各类岩浆岩类似，仍以硅酸盐矿物为主。分布最广的是花岗伟晶岩，主要由长石、石英、云母等组成，成分与花岗岩类似，但伟晶岩中矿物晶粒巨大，最大的长石晶体可重达数吨，因而是宝石矿床形成的最佳场所。

（2）形成了许多富含挥发分的矿物，如云母、托帕石、电气石等。

（3）稀有金属元素组分在此期间也相对集中，形成了许多稀有元素矿物，如绿柱石（伴生锂辉石、铌钽铁矿）等。

伟晶作用也是在高压下进行的，温度为400℃~800℃，低于岩浆作用阶段。

3. 气成—热液作用阶段

在岩浆作用后期，岩浆中聚集的挥发性组分在外界压力影响下，进入周围岩石的裂隙。这些高温气体中，除H_2O、CO_2、H_2S、Cl、F、B等挥发组分外，还挟带着大量的金属元素，这些元素常以易挥发化合物的形式存在，如$SnCl_4$等。当温度下降到水的临界温度（375℃）以下时，高温气体即形成高温液体——热液。在这种高温的气液中形成矿物的作用，称为气成—热液作用。气成—热液作用的温度、压力范围很大，自地下深处的高温（400℃以上）、高压（可达10^8Pa）直到地表的常温、常压。与岩浆活动有关的热矿泉，可以看成是温度、压力最低和露出地表的热液。

热液作用中形成的硅酸盐矿物较少，

——地学知识窗——

伟晶作用

伟晶作用指形成伟晶岩及其有关矿物的地质作用，是岩浆作用的继续。矿物在400℃~700℃之间、外压大于内压的封闭系统中，由富含挥发分和稀有、放射性元素的残余岩浆缓慢地进行结晶，因而可以形成巨大、完好的晶体。

大量出现的是W、Sn、Fe、Cu、Pb、Zn、Au等金属元素的硫化物和氧化物，以及非金属矿物，如石英、萤石、方解石等。

在气成—热液作用中，有一些热液的物质来源并非是岩浆作用，而是岩浆活动产生的热能使岩层中的水加热转化而形成的。当这种热液溶入大量碱金属后可变成热卤水，这种热卤水对各类成矿元素具有极大的溶解和搬运能力。当其运移到围岩中的任何一个空间，如由张性裂隙形成的裂隙、岩浆侵入力产生的断裂、构造作用产生的裂隙等时，由于物理化学条件发生变化，热液中的成矿物质便会沉积下来形成各类矿床。一些宝石的成因与此有关，如哥伦比亚祖母绿矿床。

4. 火山作用阶段

地下深处的岩浆直接喷溢到地表后迅速冷凝的地质作用，称火山作用。火山作用是岩浆演化的一种特殊方式，不是继气成—热液之后的最晚阶段。

火山作用可形成各种火山岩，从超基性、基性到中性、酸性、碱性都有。其主要矿物组成与相应的各类岩浆岩基本一致，但因条件不同，其产物具有以下特点：

（1）由于冷凝快，物质没有充足时间结晶，因此矿物晶体很小，一般呈隐晶质，甚至形成非晶质的火山玻璃。

（2）由于迅速冷却，一些在缓慢冷却情况下不稳定的矿物得以保存，如高压下形成的金刚石，高温下形成的方英石、透长石等。

（3）岩浆尚未喷出前，有一部分矿物已先形成，这些矿物晶粒较大，它们与喷发后形成的隐晶质或非晶质部分共存于同一岩石中，构成斑晶，如刚玉，它们分别代表喷发前后两种不同的物理化学环境。

（4）由于压力迅速降低，挥发性成分膨胀使火山岩中常产生许多气泡，其中可充填玛瑙、方解石、自然铜等矿物。

二、外生作用

外生作用是由太阳、空气、流水等外部营力引起的，主要是发生在地表的地质作用，包括风化作用和沉积作用等。

1. 风化作用

风化是在常温、常压下进行的。物理风化只把矿物破碎而不形成新矿物；化学风化作用则使矿物破坏，其组分转入溶液或改造为新矿物。在化学风化中起主要作用的是水和水中的游离氧，而各种酸——有机酸、碳酸以及风化过程中形成的硫酸等则大大加速了化学风化作用的进行。化学风化作用形成新矿物的过程举例如下：

（1）原生矿物分解形成含水（羟）矿物，如$2K（AlSi_3O_8）（正长石）+3H_2O+2CO_2 =\!=\!= Al_2（Si_2O_5）（OH）_4（高岭石）+2KHCO_3+4SiO_2$。

（2）原生矿物氧化形成含氧盐或氢氧化物，如$2CuSO_4+2CaCO_3（方解石）+H_2O =\!=\!= Cu_2（OH）_2CO_3（孔雀石）+2CaSO_4+CO_2$（石膏风化作用形成的矿物集合体，常具有多孔状、土状、皮壳状、钟乳状等形态）。

2. 沉积作用

沉积作用按沉积方式不同可分为四种。

（1）机械沉积：机械沉积作用虽不会产生新生矿物，但会使某些矿物富集。随着搬运距离加长，不稳定的矿物越来越少，稳定的矿物越来越多，最后富集成矿，如金刚石、锡石等。

（2）胶体沉积：风化作用中形成的难溶物质大部分以水溶胶体的形式搬运到湖、海等含水盆地中沉积下来。这些物质主要是各种硅酸盐黏土矿物，常形成致密状、鲕状、豆状、肾状等形态。

（3）结晶沉积：主要是各种物质在过饱和情况下的沉积，如干旱内陆湖泊中的盐等。

（4）生物化学沉积：可以是生物遗体的堆积，如某些磷矿和珊瑚礁石灰岩，也可以是在生物影响下发生的结晶或胶体沉积，如碳酸岩和磷酸岩的沉积。

三、变质作用

变质作用是指在特定的地质环境中，由于物理和化学条件的改变，原来的岩石或矿物基本在固体状态下发生物质成分和结构的变化，从而形成新的岩石或矿物的地质作用。按照引起变质的地质条件和主导因素，以及所产生的岩石和矿物的不同，可将变质作用分为接触变质、区域变质、混合岩化和动力变质四种类型。

1. 接触变质作用

发生在火成岩体与围岩之间的接触带上，并主要由温度和挥发性物质所引起的变质作用，称为接触变质作用。接触变质所需的温度较高，一般为300℃，有时可达1 000℃；所需的静压力较低，仅在$（1\!\sim\!3）\times10^8$ Pa之间。按照引起接触变质的主导因素，接触变质可进一步分为以下两类。

（1）接触热变质作用：引起变质作用的主要因素是温度，岩石受热后发生矿物的重结晶、脱水、脱碳及物质成分的重组合，形成新矿物与变晶结构，但是岩石总的化学成分并无显著变化。热变质作用的典型反应为：原岩中矿物重结晶，晶粒变大，如石灰岩（Ca-CO₃）变成大理岩（CaCO₃），石英砂岩（Si-O₂）变成石英岩（SiO₂）；原岩中化学元素重新组合，形成在新的物理化学条件下稳定的矿物，如泥质岩石（含Al₂O₃和SiO₂）形成红柱石［Al₂（SiO₄）O］、含石英的石灰岩（CaCO₃+SiO₂）变成硅灰石（CaSiO₃）等。

（2）接触交代变质作用：引起变质的因素除温度以外，从岩浆中分泌出的挥发性物质所引起的交代作用起着重要作用，故岩石的化学成分具有显著变化，并产生大量新生矿物。如果侵入体为酸性岩，围岩为碳酸盐岩，其接触带在发生接触变质作用后，将形成富钙硅酸盐矿物组合，这种组合称为矽卡岩。组成矽卡岩的主要矿物有石榴子石、绿帘石、透闪石、透辉石、阳起石、硅灰石等。

2. 区域变质作用

在广大的区域范围内，已经形成的岩石因受区域构造变动产生的高温、高压以及化学活动性流体等多种因素影响而引起的变质作用称为区域变质作用。区域变质作用影响的范围可达数万km²，影响深度可达20 km，温度200℃~800℃，

压力1×10⁸ Pa。在区域变质作用中，新出现的矿物主要是原岩中的化学元素在新的条件下重新组合形成的。其主要变化有：脱水，如高岭石变为蓝晶石和石英高岭石；矿物结构变紧密，形成比重大的矿物，如石榴子石、十字石等；在定向压力下，常形成片状矿物和柱状矿物，如云母、角闪石等。

3. 混合岩化作用

在区域变质作用的基础上，深部上升的流体或岩石部分熔融所产生的"混浆"，与不同类型的原岩经过一系列相互作用，如渗透、注入、交代、结晶和重熔等，而形成新的岩石的地质作用称为混合岩化作用，所形成的岩石称混合岩。

混合岩一般包含两部分物质：一部分是变质岩，称基体，它一般是变质程度较高的各种片岩、片麻岩，颜色较深；另一部分是从外来的熔体或热液中沉淀的物质，称为脉体，其成分主要是石英和长石，颜色较浅。混合岩中脉体与基体的相对数量关系及存在的状态不同，反映了混合岩化的不同程度，相应地有不同特征的混合岩。如果脉体呈斑状分散在基体中，则形成斑点状混合岩；如果脉体呈条带状贯入到基体中，则形成条带状混合岩；如

果脉体呈肠状盘曲在基体中，则形成肠状混合岩；当长英质熔体或富含钾、钠、硅的热液彻底替代原来的岩石时，原来岩石的宏观特征完全消失，则形成混合花岗岩。

混合岩化作用可形成各种宝石，特别是玉石，有时混合岩本身就是观赏石的良好材料。

4. 动力变质作用

其形成与地壳发生断裂构造有关，因此往往出现在断裂带两侧。在地壳的上层，表现为岩石的破碎，形成构造角砾岩等；在地壳的较深层位，因具有较高温度和静压力等条件，能发生矿物的塑性变形、重结晶及出现新矿物，形成糜棱岩等。动力变质作用对部分集合体宝石（玉石）的质量有明显的影响，如高质量的翡翠可能就是由硬玉岩经过动力变质作用形成的。

——地学知识窗——

重结晶

又称"变质重结晶作用"，一般指晶体电离后再次形成新的晶体，或者晶体在外因的影响下再结晶。新形成的晶粒，其化学成分和矿物成分可以与原岩相同，也可以不同；原来的矿物可以是结晶质的，也可以是非晶质的。

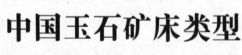

中国玉石矿床类型

据《山海经》记载，中国产玉的地点有两百多处。随着历代开采和用玉的进展，一些玉矿已被采完，其具体的矿床产地都难以准确确定，如陕西蓝田玉。随着科学技术的进步，越来越多的玉石矿床被发现，玉石矿床的产地也越来越多。按照能量来源和演化历程，形成玉石矿床的地质作用分为内生作用、外生作用和变质作用三大类，相应地也可将中国玉石矿床分成内生成因矿床、变质成因矿床和外生成因矿床三大类，见表2-1。

一、内生成因矿床

内生成因矿床是指与岩浆活动地质作用密切相关的矿床类型。

在岩浆作用阶段形成的矿床称为岩浆矿床，典型的岩浆玉石矿床有花岗岩矿床、水草翠玉矿床和独山玉矿床等。

在伟晶岩作用阶段形成的矿床称为伟晶岩矿床，典型的伟晶岩浆玉石矿床有丁香紫玉矿床、水晶矿床等。

由火山作用形成的矿床称为火山矿床，典型的火山成因玉石矿床有梅花玉矿床、桃花玉矿床、爪子玉矿床、金星玉矿床和羊肝石矿床等。

二、外生成因矿床

外生成因矿床主要与风化作用、沉积作用和生物作用相关。

由风化作用形成的矿床称为风化矿床，典型的风化成因（包括风化淋滤成因）玉石矿床有风棱石矿床、绿松石矿床、欧泊矿床、孔雀石矿床等。

由沉积作用形成的矿床称为沉积矿床，典型的沉积成因玉石矿床有太湖石矿床、翡翠籽料矿床、和田玉籽料矿床等。

生物作用形成的矿床与生物活动直接或间接相关，所形成的玉石矿床较为广泛，典型的生物玉石矿床有珊瑚、煤玉矿床、琥珀矿床、生物化石等。

三、变质成因矿床

由接触变质作用形成的矿床称为接触变质矿床，这种类型的玉石矿床典型的有软玉矿床、京粉翠矿床等。

在区域变质作用中形成的矿床称为区域变质矿床，这种类型的玉石矿床典型的有软玉矿床、岫玉矿床等。

由混合岩化作用形成的矿床称为混合岩化矿床，这种类型的玉石矿床典型的有花岗岩（混合岩）矿床、观赏石矿床等。

由动力变质作用形成的矿床称为动力变质矿床，这种类型的玉石矿床典型的有翡翠矿床、观赏石矿床等。

表2-1　　　　　　　　　　　中国玉石矿床的成因分类及代表产地

一级分类	二级分类	三级分类	玉石种类实例	代表产地
内生成因矿床	岩浆矿床	蚀变花岗岩型	水草翠玉	陕西安康
		基性杂岩型	独山玉	河南南阳
	伟晶岩矿床	晶洞伟晶岩型	丁香紫玉	新疆、云南、四川等
			芙蓉玉	新疆、湖南、内蒙古等
	火山矿床	杏仁玻基粗面岩型	梅花玉	河南汝阳
		球泡状玻基流纹岩型	桃花玉	广东平远
		巨斑安山岩型	爪子玉	
		含黄铁矿无斑安山岩型	金星玉	
		含铁质火山岩型	羊肝石	新疆、北京等
外生成因矿床	风化矿床	含氧盐型	绿松石	湖北、陕西、河南等
			孔雀石	广东、湖北等
		石英质型	玛瑙	陕西、内蒙古、辽宁等
			欧泊	陕西
	沉积矿床	古代沉积型	菊花石	陕西、湖南等
			石灰岩	江苏、云南等
			蜜蜡黄玉	新疆、山东、湖南等
		现代沉积型	陨石	广东、广西、海南等
	生物矿床		珊瑚	台湾、南沙
			琥珀	辽宁、河南等
			煤玉	辽宁、山西、贵州等
变质成因矿床	接触变质矿床	镁质矽卡岩型	软玉	新疆、青海、江苏等
		锰质矽卡岩型	京粉翠	北京、四川等
	区域变质矿床		软玉	岫岩
	混合岩化矿床		花岗岩（混合岩）	全国各地
	动力变质矿床		翡翠	云南等

玉石文化诠释

中国玉石文化能够延续发展，不仅在于中国有比较丰富的玉石资源，更重要的是中国有悠久的历史，并且能够在发展中不断吸纳、融合、发展、壮大的中华民族文化。中华民族文化所蕴含的哲学思想及品格，不仅使玉文化拥有无与伦比的魅力，也大大增强了其延续发展的动力。

玉之"五德"

中华民族有着数千年"尊玉、爱玉、藏玉"的文化传统。古人有"君子比德如玉"的说法，他们认为玉有玉德，人只有具备了玉的这些高尚品德才能成为君子，达到人的最高境界。东汉许慎在《说文解字》中给玉下了这样的定义："玉，石之美者，有五德：润泽以温，仁之方也；䚡理自外，可以知中，义之方也；其声舒扬，专以远闻，智之方也；不挠而折，勇之方也；锐廉而不忮，洁之方也。"

那么玉的"五德"就是仁、义、智、勇、洁。

（1）润泽以温，仁之方也——仁。

温和滋润具有光泽，表明玉善施恩泽，富有仁爱之心。

（2）䚡理自外，可以知中，义之方也——义。

玉有较高的透明度，从外部可以看出其内部具有的特征纹理，表明玉竭尽忠义之心。

（3）其声舒扬，专以远闻，智之方也——智。

如果敲击玉石，会发出清亮悠扬悦耳的声音，并能传到很远的地方，表明玉具有智慧并传达给四周的人。

（4）不挠而折，勇之方也——勇。

具有极高的韧性和硬度，表明玉具有超人的勇气。

（5）锐廉而不忮，洁之方也——洁。

有断口但边缘却不锋利，表明玉自身廉洁、自我约束却并不伤害他人。

对于中华民族来讲，玉代表了美好、尊贵、坚贞与不朽，象征着优秀的品德和高尚的情操，可谓一切美好事物的化身。

"君子比德于玉""君子无故玉不去身"，是先秦时代人们崇玉的真实写照。

"国"字简体字的出现，是宋代以来人们爱玉的很好佐证。

玉之历史

玉文化的发展可以说成是中国几千年文明史的一个缩影。据考古证明，我国制造和使用玉器的历史源远流长。自新石器时代以来，玉器作为一种重要的物质文化遗物，不仅在中华大地上有着广泛的分布，而且在各个历史时期扮演着不同的角色，同时在社会生产和社会生活的各个方面发挥着重要作用，从而在中华文明史上形成了经久不衰的玉文化。

据出土玉器考证，7 000年前南方河姆渡文化的先民们，在选石制器过程中，有意识地把捡到的美石制成装饰品，打扮自己，美化生活，揭开了中国玉文化的序幕。在距今四五千年前的新石器时代中晚期，辽河流域，黄河上下，长江南北，中国玉文化的曙光到处闪耀，以太湖流域良渚文化、辽河流域红山文化的出土玉器最为引人注目。我国是世界上用玉时间最早、最悠久的国家，素有"玉石之国"的美誉。

我国进入阶级社会后，玉被神化，逐渐形成了中国独有的玉器文化。在长达数千年的中国文明史中，玉器文化完美地契合了中国古代文明史的发展进程，极大地丰富了中国文明史的内涵。古往今来，关于玉的诗词数不胜数。例如玉女、玉色、玉貌、玉体、玉人等都用来形容美女或其某一特征；玉楼、玉虚、玉京等用来形容古代仙宫或者皇帝居住之地；《诗经》中有"言念君子，温其如玉"之说。玉也出现于文学著作中，尤其是《红楼梦》这一部恢宏的巨著本身写的就是一块"玉"——曹雪芹用浪漫主义的手法描写了一块通灵宝玉，这块玉大如雀卵，可大可小，灿若明霞，莹润如酥，五色花纹缠护，这正是玉典型的特征，把玉的形、色、质、美表现得淋漓尽致。

中国玉石不但历史悠久，而且影响深远。玉与中华民族的历史、政治、文化、艺术的产生和发展存在着密切关系，它融合了中华民族世世代代人们的观念和习俗，影响了中国历史上各朝各代的典章制度，影响着一大批文学、历史著作。中国古玉器的产出与积累，与日俱进的玉器生产技艺，以及与中国玉器相关的思想、文化、制度，这一切物质的、文化的、精神的东西，构成了中国独特的玉文化，成为中华民族文明宝库中一颗璀璨的明珠。

一、孕育期——新石器时代

从考古发现来看，在距今2万年～5万年的旧石器时代晚期，有不少细石器的材料可归入美石之列，旧石器时代晚期运用的磨制和钻孔等技术，也为玉器的制作奠定了工艺基础。以琢磨成形为特征的玉器，最初比较显著地出现则是在距今7 000～8 000年，属于新石器时代的早期与中期之交。

距今5 000～6 000年，在濒临海洋的历史文化区域内组成了一条明显的半弧状的玉器带，并逐步形成了北、南两大玉文化系统（图3-1）。

北方系以西辽河流域为重心，以红山文化的龙（图3-2）（兽面玦形饰）、勾云形饰、筒形器（马蹄形器）最具代表性。

南方系以环太湖流域为重心，以良渚文化的琮（图3-3）、璧、钺最具代表性。

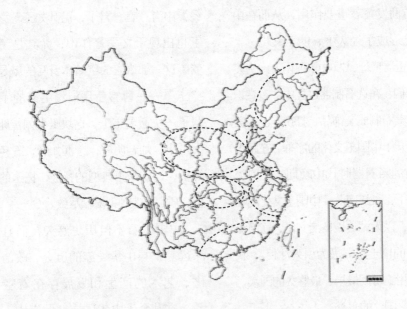

▲ 图3-1 新石器时代玉器分布区域

图3-2　红山文化玉猪龙

图3-3　良渚文化三节玉琮

玉石的材料——种类多样，就近取出。

琢玉的工具——实心钻、管钻、砣具。

原始砣机的发明、应用，标志着治玉工艺彻底脱离古老的制石工艺，而成为独立的一门工艺。

玉器的造型——形态较多样，造型直方、圜曲、复合类较多，象生（肖生）类较少。

玉器的种类——既有玦、璜、环等装饰品，又有琮、璧、钺等具有礼仪（仪仗）性的器物，还有锛、凿、匕等工具和用具。

玉器的纹样——以直曲阴线、圆点等结构简单的图案为主，还出现了人面、兽面、鸟、龙、人骑兽等结构复杂的图案。

这一时期的玉器艺术特色是神秘、含蓄、古朴、稚拙。

二、成长期——夏、商、周

进入夏纪年伊始，中原的二里头文化、西北的齐家文化、华南的石家河文化相继崛起，随着玉器分布地域的迅速扩大，中、西、南各区域多种玉文化相互交流与融合，形成了异彩纷呈的新格局。

二里头文化的玉器，以玉圭、玉璋、玉戈、玉多孔刀、玉刀、玉钺等为主要器型，造型多薄片状，突出扉棱或齿牙装饰。玉器的轮廓规整，线条亦工整流畅，形制与纹饰的结合相当和谐。

商代的玉器，虽仍以几何形体为主，但象生（肖生）类渐趋增加，还出现了圆雕和仿青铜器的玉容器，象生类器物的造型神态各异，形神毕肖。玉器上的纹饰相当繁缛，主要流行兽面纹、变形云纹、节纹、菱形纹、"臣"字眼、蝉纹等纹样。在装饰手法上，多使用双线并列的阴刻线条，并有意识地将一条阳线置于两条阴线中间，阴阳相间，使图案富于变化，而俏色玉器的运用更是新意迭呈。

西周的玉器，主要有仪仗用器（武器）、佩饰和葬玉（专门为下葬而制作的玉器）三大类。其中，戈、戚、钺等仪仗用器呈现日趋减少的态势，而璜、玦和各种象生形佩饰则越来越流行。造型以薄片状为主，装饰手法多用一面坡或一面坡配单阴线，有着简洁、明快、潇洒、飘逸的美感，与商殷玉器庄严敦厚的艺术风格相比，呈现出轻盈清奇的艺术格调。

这一时期的王室玉器不但风格统一，而且更加注重玉材的质地。和田玉大量增加，开始成为"帝王玉"的主流。

在经过初步鉴定的300件商代殷墟妇好墓出土的玉器中，大部分是质料上乘的新疆玉。

三、嬗变期——春秋、战国

我国历史上有确切的纪年是共和元年，即公元前841年。东周时期，一般指公元前770年~前220年。东周又分为春秋和战国两大时期。春秋时期为公元前770年~前477年。战国时期为公元前476年~前220年。

这一时期政治上诸侯争霸，学术上百家争鸣，玉雕艺术上异彩纷呈。尤其是战国时期玉器纹饰呈现出区域性的鲜明特色，出现秦式玉器、楚式玉器、吴式玉器、夷式玉器等各具特色的玉器风格。

这一时期玉器造型基本突破礼仪器的形制，具有精雕细刻、生动传神的高超艺术造诣，创造了精致灵巧作风的新型玉器，较为自觉地运用对称、平衡、排列、紧凑等规律，由平面向隐起、由简向繁方面演变，采用隐起镂空、阴线、单面成双面的雕琢手法。

玉器的表现手法已由商周图案化的束缚中逐渐解脱出来，开始朝着现实主义艺术迈进。

四、发展期——秦汉、魏晋南北朝

这一时期，从公元前221年到公元589

年。

秦汉的玉器发生了空前的巨大变化，尤其是西汉时期形成一种博大精深、豪放挺拔的时代气质和艺术风格。

汉代玉器可分为礼玉、葬玉、装饰玉和陈设玉，奠定了中国玉文化的基本格局。

这一时期的玉器在造型、琢磨、镶嵌诸方面都有重大发展，镂空技艺普遍应用，构图打破对称的格局，成功地运用均衡规律，求得变化灵巧效果。大胆应用S形结构（尤其在幼虎身上运用得广泛和成功，给人以无穷的动态美）。明人称赞：汉人琢磨，妙在双钩，碾法婉转流动，细入秋毫，更无疏密不匀，交接断续，严若游丝白描，毫无滞迹。刚卯上的刻字，其实钩字之细，其大小图书，碾法之工，令宋人亦自甘心。

五、繁荣期——隋唐五代宋辽金

玉器繁荣期的划分标志：

用玉对象上，普遍化、士庶化，与日常需用和风俗习惯相结合；功能上，陈设化、鉴赏化、文玩化，出现仿古彝玉；玉材上，几乎百分之百用和田玉，并以和田白玉为贵；做工上，与当时绘画雕刻、工艺美术的发展相吻合。

这一时期的玉器已摆脱工艺美术樊篱，在同期绘画、雕塑艺术的影响下，制作了大量平面的、立体的、画塑性的玉件，用乾隆皇帝的语言说就是"玉图画"。

隋唐时期的玉器，形体夸张、气韵生动。在琢制手法上大刀阔斧，与当时绘画、壁画、雕塑（石雕、泥塑）风格相一致，发展相吻合。在造型上，人物、动物，重在揭示对象的精神面貌，夸张其形体地突出关键部位，颇有浪漫色彩，又不失法度。在碾琢上，擅用较密集的阴线装饰细部，类似绘画上的铁线描，有的隐起注重起伏，不加任何刻饰，浑厚自然，气韵生动。

宋辽金时期的玉器，表现手法细腻精练，真实自然，故以"形神兼备"概括这一时期玉器的特点比较适合。宋代的玉器，在写实主义花鸟画影响下，出现崭新面貌，尤其是玉器的装饰题材，"玉折枝花饰、花锁、双鹤御草饰件"等均达到生活与艺术的高度统一。

六、鼎盛期——元、明、清

玉器鼎盛期的标志是蒙古渎山大玉海和清"大禹治水图"玉山两件巨硕玉器（或玉雕）的问世，二器堪称这一鼎盛期的代表作。

玉器在此期的社会功能极为广泛，制玉地点遍布各地，产玉数量空前庞大（图3-4，图3-5）。

这一时期的玉雕与当时的绘画书法以及工艺雕刻紧密联系，全面继承了前代玉器多种碾工和技巧，并有了显著发展与提高。碾法突出体量感，并追求工笔画功力。其玉质之美、品种之多、应用之广都是空前的。清代碾法，要求严格，规矩方圆，线如直尺、圆似满月，姿角圆润光滑，无论是器物的内膛、侧壁或痕、足等次要部位也一丝不苟，里外均花费大力气，做工十分讲究，足以以假乱真。俏色玉各种色泽组合，更是天衣无缝。

🔺 图3-4 玉盘

🔺 图3-5 玉盖碗

Part 4 历史名玉荟萃

　　玉，在中国古代是一个内涵十分繁杂的美石世界。在科学不发达的古代，人们不能从物理和化学的角度对玉作出本质上的定义，只能以直觉为基础、以多数人的喜好为依据评判优劣。质地好的石头、美丽的石块均属于古人眼中的玉。

绿动心魄——翡翠

一、翡翠的概念

自中国近代以来，翡翠就逐渐成为最受人们喜爱的玉石之一。翡翠的广泛兴起可以追溯到清代中期，由于皇宫贵族对翡翠的喜爱，翡翠身价飞速上涨。长久以来，翡翠作为深受大众喜爱的玉石，素来被冠以"玉石之王"的美誉（图4-1）。

翡翠（jadeite）也称翡翠玉、翠玉、硬玉、缅甸玉，是玉的一种，是在地质作用下形成的达到玉级的石质多晶集合体。主要组成矿物是硬玉，其次有钠铬辉石、透闪石、透辉石、钠长石等，其中钠铬辉石在有些情况下会成为主要组

△ 图4-1　翡翠福瓜

成矿物。

二、翡翠的理化性质

1. 矿物成分

以硬玉为主，其次为绿辉石、钠铬辉石、霓石、角闪石、钠长石等。

2. 化学成分

铝钠硅酸盐$NaAl(Si_2O_6)$，常含Ca、Cr、Ni、Mn、Mg、Fe等微量元素。

3. 物理性质

硬玉属，单斜晶系，常呈柱状、纤维状、毡状致密集合体，原料呈块状，次生料为砾石状。

（1）硬度：摩氏硬度6.5~7。

（2）相对密度：3.28~3.40，平均3.32。

（3）解理：细粒集合体无解理，粗大颗粒在断面上可见闪闪发亮的"蝇翅"。

（4）光泽：油脂光泽至玻璃光泽。

（5）折射率：1.66（点测法）。

（6）吸收光谱：白色至浅绿色翡翠常见437 nm吸收窄带，绿色翡翠具有Cr^{3+}的吸收光谱。

（7）紫外荧光：一般没有荧光。

（8）透明度：半透明至不透明。

三、翡翠种类

1. 按市场货色分类

A类：俗称A货，指用翡翠原料直接设计打磨而成，即纯天然的。这种翡翠可以永久佩戴，而且时间越长越润泽，色正不邪，长期佩戴不变色（图4-2，图4-3，图4-4）。

B类：俗称B货，指用杂质多、原料很差的翡翠，经强酸漂洗，去灰、蓝、褐、黄等杂质后，保留绿色、紫色，提高其透明度，又有注胶的产物，其结构遭到严重的破坏，这种翡翠日久会褪色。

C类：俗称C货，专指人工染色的翡翠，许多染色剂含有重金属离子，贴皮肤佩戴会有副作用。有的透明无瑕疵的好原料，经染色，假冒A货翡翠出售，有很大的欺骗性，其颜色很快就会褪去。

2. 按颜色分类

翡翠常见的颜色为绿色、黄色、白色、红色、紫色等，其中以绿色品种最优。如果一件翡翠既有绿色，又有黄色和紫罗兰色，那也是一件非常难得的玉，俗称"福禄寿"。

白色：基本上不含其他杂质元素。

红色：含化学元素铁（Fe^{3+}）（俗称为翡）。

△ 图4-2 七彩翡翠

△ 图4-3 黄翡关公挂件

△ 图4-4 紫罗兰翡翠珠链、手镯

绿色：含2%以上的铬（Cr）（俗称为翠）。

黑色：含2%以上的铬（Cr）及铁（Fe^{2+}）。

黄色：含元素钼。

紫色：含元素铬（Cr）、铁（Fe）、钴（Co）。

例如绿色翡翠（图4-5）的评价标准可用"正、浓、阳、匀"四个字来描述。正，指的是颜色的色彩（色调），如翠绿、黄绿、深绿、墨绿、灰绿等。浓，指的是颜色的饱和度（深度），即颜色的深浅浓淡。阳，指的是颜色要鲜艳明亮，受颜色的色调和浓度的控制。匀，也称为"和"，指的是均匀程度，所以颜色（绿色）的好坏取决于色彩、浓度和匀度三个要素。

四、翡翠评鉴

▲ 图4-5　阳绿翡翠珠链

评鉴翡翠优劣的标准主要是色调、透明度、质地、种和瑕疵五项。

1. 色调

（1）祖母绿、翠绿：绿色鲜艳、纯正、饱和，不含任何偏色，分布均匀，质地细腻。其中祖母绿比翠绿饱和度更高，是翡翠中的极品。

（2）苹果绿、秧苗绿：颜色浓绿中稍显一点点黄色，几乎看不出来，色饱和度略低于上者，也是翡翠中难得的佳品。

（3）黄阳绿：绿色鲜艳，略带微黄，如初春的黄杨树叶般。

（4）葱芯绿：绿色像娇嫩的葱芯，略带黄色。

（5）鹦鹉绿：绿色如同鹦鹉的绿色羽毛一样鲜艳，微透明或不透明。

（6）豆绿、豆青：绿如豆色，是翡翠中常见的品种，玉质稍粗，微透明。含青色者为"豆青"。

（7）蓝水绿：透明至半透明，绿色中略带蓝色，玉质细腻，也是高档翡翠。

（8）菠菜绿：半透明，绿色中带蓝灰色调，如同菠菜的绿色。

（9）瓜皮绿：半透明至不透明，绿色不均匀，并且绿色含有青色调。

——地学知识窗——

观赏翡翠的最合理光线

在观察翡翠颜色时，最标准的光源应该是太阳光，在太阳光下所见翡翠才是比较真的颜色。通常灯下观察时变化较大。在钨丝灯光下、黄光灯下看翡翠，其颜色会显得鲜些，饱和度也会高些，颜色就会好些，所谓"月下美人灯下玉"即反映这种情况。在白光灯管下看翡翠，颜色会淡些、暗些，因此翡翠颜色会差些。

（10）蓝绿：蓝色调明显，绿色偏暗。

（11）墨绿：半透明至不透明，色浓，偏蓝黑色，质地纯净者为翡翠中的佳品。

（12）油青绿：透明度较好，绿色较暗，有蓝灰色调，为中低档品种。

（13）蛤蟆绿：半透明至不透明，带蓝色、灰黑色调。

（14）灰绿：透明度差，绿中带灰，分布均匀。

2. 透明度

透明度即视觉感官上的通透程度，是翡翠评价的重要因素，行内俗称"水头"。透明度高的即为水头足，这样的翡翠显得晶莹透亮，给人以水汪汪的感觉；透明度差的翡翠干涩、呆板，给人以干巴巴的感觉，即为水头差、水不足。用聚光电筒观察翡翠的透明度，并且用光线照入

的深浅来衡量水头的长短，如3 mm的深度为一分水，6 mm的深度为二分水，9 mm的深度为三分水。翡翠的透明程度可大致分为透明、较透明、半透明、微透明、不透明，翡翠越透明其价值越高（图4-6）。

3. 质地

质地指翡翠的结构，也称底子、地子。由于翡翠是多种矿物的集合体，其结构多为纤维状结构和粒状结构。翡翠质地

▲ 图4-6 翡翠耳环

——地学知识窗——

翠性

所谓翡翠的翠性，是指硬玉矿物晶粒在翡翠表面表现出的大小不同的片状闪光现象。矿物晶体的粗细决定了翠性的大小，晶粒粗大者翠性也就大，晶粒细小者翠性也就小，如晶粒极细呈隐晶质则不显翠性。翠性大的翡翠，质地多粗糙，并往往表现为不透明或微透明；翠性小的翡翠，质地多细腻，并往往表现为透明或半透明。反光大的翠性叫雪片，小一点的叫苍蝇翅或蚊子翅，最小的叫沙星或沙性，都是一种形象的名称。

的细腻和粗糙程度是由晶粒的大小决定的：晶粒大，则质地粗糙，表现为半透明至不透明；晶粒小，则质地细腻，表现为透明至半透明。按照粒度大小，可将质地分为致密级、细粒级、中粒级和粗粒级，达到致密级的翡翠在放大观察时几乎看不到颗粒，透明度极高（图4-7）。

4. 种

翡翠的种是指翡翠的绿色与透明度的总称。种是评价翡翠好坏的一个重要标志，其重要性不亚于颜色，故有"外行看色，内行看种"的说法。在挑选翡翠的时候，不怕没有色，就怕没有种，这样的说法，并非绿色不重要，而是只有绿色的翡翠给人一种干巴巴的感觉，缺少一种灵

▲ 图4-7　翡翠手镯

性，而有种的翡翠不仅可使颜色浅的翡翠显得温润晶莹，更使绿色均匀、饱满的翡翠水淋明澈，充满灵气。

传统上将翡翠的种分为老坑种和新坑种，主要是指翡翠的出身。老坑种多是指绿色纯正、分布均匀、质地细腻、透明度好的翡翠；新坑种是指透明度差、玉质粗糙的翡翠。可将翡翠的种分为以下几类：

（1）老坑种：指颜色浓绿，分布均匀，质地细腻。如为玻璃底，则可称为老坑玻璃种，是翡翠中的极品。

（2）冰种：晶莹剔透，冰底，无色，因此水头极好，属高档品种（图4-8）。

（3）芙蓉种：呈清淡绿色，玉质细腻，水头好，属中高档品种。

（4）金丝种：绿色不均匀，呈丝状断断续续，水头好，底也很好。

（5）干青种：绿色浓且纯正，但水头差，底干，玉质较粗。

（6）花青种：绿色分布不均匀，呈脉状或斑点状，属中低档品种（图4-9）。

（7）豆种：玉质较粗糙，不透明，颗粒较粗大，带绿色者称为豆绿，属低档品种。

（8）油青种：玉质细腻，透明度较好，表面具有油润感，绿色较暗，颜色不正。

（9）马牙种：质地粗糙，透明度差，呈白色粒状。

5. 瑕疵

翡翠的瑕疵是指翡翠含有的一些杂质矿物。其颜色、形状对整体产生不谐调的视觉效果，常为一些斑点状的黑色、黄褐色的矿物颗粒、呈丝絮状或云雾状的白色石花夹杂在整体一色的翡翠原料或成品

▲ 图4-8　冰种翡翠手镯

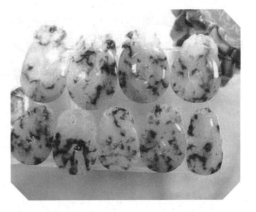

▲ 图4-9　花青翡翠雕件

上。这些瑕疵的存在将会影响翡翠的价值，尤其对高档翡翠的影响更大。

五、翡翠产地

珠宝玉石市场上优质的翡翠大多来自缅甸雾露河（江）流域第四纪和第三纪砾岩层次生翡翠矿床中。它们主要分布在缅甸北部的山地，南北长约240 km，东西宽170 km。1871年，缅甸雾露（又作乌尤、乌龙、乌鲁）河流域发现了翡翠的原生矿，其中最著名的矿床有4个，分别是度冒、缅冒、潘冒和南奈冒。原生矿翡翠岩主要由白色和分散有各种绿色色调及褐黄、浅紫色的硬玉岩组成，除硬玉矿物外还有透辉石、角闪石、霓石及钠长石等矿物，达到宝石级的绿色翡翠很少。翡翠原生矿床自发现起至今已开采了一百多年，产出了所有颜色的翡翠品种，仍然很有活力。

除了缅甸出产翡翠外，世界上出产翡翠的国家还有危地马拉、日本、美国、哈萨克斯坦、墨西哥和哥伦比亚。这些国家的翡翠达到宝石级的很少，大多为一些粗雕级的工艺原料。

六、翡翠鉴别

1. 识别翡翠的真伪

（1）翡翠与料石的区别

料石最易与翡翠混淆。料石为人工熔炼，结构松懈，绿色均匀，虽有特意制造的不均匀但很不自然；料石的破处是亮碴，容易磨损而失去光亮；料石体轻，有的有气泡。翡翠是天然矿石，结构紧密，绿色大都不均匀，但很自然，有翠性无气泡，翡翠的破处是石头碴，硬度很大，体重。

（2）鉴定炝色翡翠

炝色翡翠放入硝酸或硫酸内，几小时后绿色褪掉。将炝色翡翠放在70℃~80℃的铁器上，几小时后绿色也会褪掉。利用这两个特点可以区别炝色翡翠和天然翡翠。

（3）翡翠与绿色天然矿石的区别

与翡翠容易混淆的天然矿石之绿色都不如翡翠的绿色鲜艳，特征都不相同。如碧玉，大部分有黑点，黑点呈三角形；澳洲石，绿色闪蓝头，色不纯；绿玛瑙，绿色闪蓝，色匀净，但透浑；东陵石，绿色闪蓝，闪灰，表面闪耀小白星。

此外，分光镜是辨别染色和天然绿色玉器的关键工具。

2. 翡翠A、B、C类的鉴别

（1）A货

A货是指翡翠经过传统工艺加工处理后，不改变其内部结构、颜色和硬度，只改变其形态和外观的玉器。原石原色、不经化学处理的玉器可以世代相传，其价格亦较高。现在优质老坑种翡翠玉，因其产量越来越少，所以在国际拍卖中的价格每创新高（图4-10）。

▲ 图4-10　翡翠A货

鉴别办法从以下三点着眼：

① 三思而行、斟酌行事。由于矿藏和开采量的关系及人们需求量较大的特定条件，目前市场上很好的缅玉较少，特别是颜色翠绿、地子透亮的品种则少之又少。

② 一般如秧苗绿、菠菜绿、翡色或紫罗兰飘花的品种当为常见。

③ 灯光下肉眼观察，质地细腻、颜色柔和、石纹明显；轻微撞击，声音清脆悦耳；手掂有沉重感，明显区别于其他石质。

（2）B货

B货是指通过化学、高温处理后，除去其内部的杂质，再注入透明的液体，使其变得更加晶莹漂亮的玉器。"B货"由于其内部结构已改变，时间长了就会失去原色，失去它的价值。

① B货初始颜色不错，仔细观察则颜色夸张，灯下观察则色彩透明度减弱。

② B货在两年内逐渐失去光泽，满身裂纹，变得很丑。这是强酸对其原有品质的破坏引起的。

③ 密度下降、重量减轻。轻微撞击，声音发闷，失去了A货的清脆声。

（3）C货

C货是经过染色的玉，只能当作人造宝石。

① 第一眼观察，颜色就不正，发邪。

② 灯下细看，颜色不是自然地存在于硬玉晶体的内部，而是充填在矿物的裂隙中，呈现网状分布，没有色根。

③ 用查尔斯滤色镜观察，绿色变红或无色。

④ 用强力褪字灵擦洗，表面颜色能够去掉或变为褐色。

B＋C货是经化学漂白再充填树脂后

染色的玉，亦只能当作人造宝石。

其他冒充翡翠饰品的主要有：玉石类，即其他玉质冒充翡翠，主要有泰国翠玉和马来西亚翠玉、南阳独山玉、青海翠玉、密玉、澳洲绿玉及东陵石等。它们区别于缅甸翡翠之处是硬度低，密度小（重量轻），光泽较弱；绿色玻璃及绿色塑料大部分颜色发呆难看，光泽很弱，相对密度很轻，硬度低（用钉子可以刻动），无凉感。

要真正确切地鉴定，还要借助于科技和先进的技术，如高倍放大镜观察、测量密度和热导系数、红外光谱拉曼测验等。

3. 翡翠与水沫子的鉴别

在翡翠市场上，水沫子的历史与翡翠同样悠久。它水头很好，呈透明或半透明的"冰种"玉石样，颜色总体为白色或灰白色，具有较少的白斑和色带，分布不均匀，常有蓝、绿等色飘花，一般商家不识，易被其"斩获"。水沫子在腾冲、瑞丽市场很多，有各色样，带有色调偏蓝的色带者称为"水地飘蓝花"，敲出之声清脆悦耳。水沫子常被加工成手镯、吊坠和雕件等各种器皿，仿古杯亦不少。

其实"水沫子"的主要矿物成分为钠长石，其次有少量的辉石矿物和角闪石类矿物（图4-11）。它的致色物是按一定方向排列的阳起石、绿帘石，飘蓝花中的"蓝花"为角闪石矿物，用放大镜观察不显翠性，含有较多的石花或白棉，水头很好，这是非常重要的特征，总体色彩为灰白或白色。水沫子折射率为1.530~1.535（翡翠为1.654~1.667），比重为2.48~2.65（翡翠为3.30~3.36），硬度为6.0~6.5（翡翠6.5~7），可见其折射率、比重、硬度都与普通翡翠有差别。水沫子是对它的外象特征的准确描述，就像小沟的水从高跌到低处，翻起的水花表面层的沫子，含泡沫分量大，没有翠性，细看结构的紧密度及光泽度都比不上正规翡翠玉种。当我们面对玻璃种、蛋清地的石料时，不妨首先怀疑是否是水沫子。具体鉴定可采用下列几种方法：

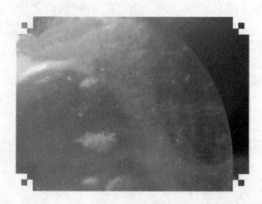

△ 图4-11 水沫子

（1）放大观察法

水沫子主要由钠长石组成，不显翠性，并有较多白色的石脑或白棉。

（2）手掂法

水沫子比重比翡翠的比重小得多，水沫子的重量大概相当于同体积翡翠的1/3。新手的话，应该一手拿着水沫子，另一手拿着一款天然翡翠多比较比较，水沫子有轻飘飘的感觉，而翡翠有打手的感觉。对比多了，自然就会有手感了。

（3）测定折射率法

水沫子的折射率远比翡翠的折射率小。一般来说，冰地的翡翠都具有玻璃光泽，而水沫子，虽然也可以出现玻璃光泽，但是那种光泽与翡翠的不同，而且较多的是蜡状光泽。注意：这种判断方法只是针对已经抛光过的翡翠和水沫子而言的。

（4）结构的比较法

在翡翠的各种结构表现形式中，最常见的一种就是"豆状结构"。"豆"是指组成翡翠的晶粒之间的界线，当晶粒边界明显时就出现"豆"的现象。水沫子虽然也是粒状结构，但是往往比较细，在外观上的体现是水头比较长，也就是透明度比较高。所以，不用担心豆地的翡翠是水沫子（起码现在还没见过豆地的水沫子）。

（5）刻划法（不建议用）

若用较硬的矿物刻划原料或半成品，如用水晶刻划，水沫子很容易被划伤，翡翠则难以被刻划。

白如凝脂——和田玉

田玉是中华民族的瑰宝，是中国的"国石"（图4-12）。早在新石器时代，昆仑山下的先民们就发现了和田玉，并作为瑰宝和友谊媒介向东西方运送和交流，形成了我国最古老的和田玉运输通道"玉石之路"，即后来"丝绸之路"的前身。

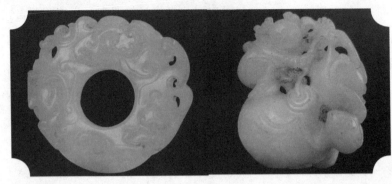

图4-12 和田玉饰品

一、和田玉的概念

和田玉（nephrite）古名昆仑玉，属于软玉的一种，分布于新疆莎车—喀什库尔干、和田—于阗、且末县绵延1 500 km的昆仑山北坡。和田玉的发现已有数千年的历史。和田玉是一种由微晶体集合体构成的单矿物岩，含极少的杂质矿物，主要成分为透闪石。现代意义上的和田玉是透闪石成分较高的玉石的统称，不再以所产地域命名。狭义上的和田玉，仅指新疆和田玉。

和田玉是闪石类中某些（如透闪石、阳起石等矿物）具有宝石价值的硅酸盐矿物组成的集合体，化学成分是含水的钙镁硅酸盐。它由细小的闪石矿物晶体呈纤维状交织在一起构成致密状集合体，质地细腻，韧性好。2003年和田玉被定为"中国国玉"。

二、和田玉理化性质

1. 主要颜色：白、糖白、青白、黄、糖、碧、青、墨、烟青、翠青、青花等。

2. 硬度：6~6.5。

3. 相对密度：2.90~3.10。

4. 光泽：一般以蜡状油脂光泽为主。

5. 透明度：透明至半透明、不透明。

6. 折射率：常为1.60~1.61（点测法）。

三、和田玉种类

1. 按照产出地的不同分类

（1）籽料：又名籽玉，是指原生矿剥蚀并被冲刷搬运到河流中的玉石（图4-13）。它分布于河床及两侧的河滩中，玉石裸露地表或埋于地下。它的特点是块度较小，表面光滑，常为卵形。因为它年代久远，长期受水的冲刷、搬运、分选，或深埋于土下，几易其坑，饱吸了大

图4-13 和田玉籽料

地之精华。籽玉一般质地较好，因它吸饱喝足，温润无比。籽玉又分为裸体籽玉和皮色籽玉。裸体籽玉一般采自河水中，皮色籽玉一般采自河床的泥土中，所以皮色籽玉的年代更为久远。一些名贵的

籽玉品种如枣皮红、黑皮子、秋梨黄、黄蜡皮、洒金黄、虎皮子等等，均出自皮色籽玉。

（2）山流水：名称是由采玉和琢玉艺人命名的（图4-14）。它是指原生玉矿石经风化崩落，并由河水冲击至河流中上游而形成的玉石。山流水的特点是距原生矿近，块度较大，棱角稍有磨圆，表面较光滑，年代稍久远，比籽玉年轻。

（3）山料：又称山玉，或叫盖宝玉，指产于山上的原生矿（图4-15）。山料的特点是块度不一，呈棱角状，良莠不齐，质量常不如山流水和籽玉。

图4-14 和田玉山流水

△ 图4-15 和田玉山料

2. 按颜色的不同分类

（1）白玉：含闪透石95%以上，颜色洁白，质地纯净、细腻，光泽润泽，为和田玉中的优良品种。在汉代、宋代、清代几个制玉的繁荣期，都极重视选材，优质白玉往往被精雕细刻为"重器"。

（2）羊脂白玉：白玉中的上品，质地纯洁、细腻，含闪透石达99%，色白，呈凝脂般含蓄光泽。同等重量玉材，其经济价值几倍于白玉。汉代、宋代和清乾隆时代都极推崇羊脂白玉。

（3）青白玉：质地与白玉无显著差别，仅玉色白中泛淡淡的青绿色，为和田玉中三级玉材，经济价值略次于白玉。

（4）青玉：淡青、青绿、灰白色的玉均称青玉，颜色匀净，质地细腻，含闪透石89%、阳起石6%，呈油脂状光泽，储量丰富，是历代制玉采集或开采的主要品种。

（5）黄玉：基制为白玉，因长期受地表水中氧化铁渗滤在缝隙中形成黄色调。根据色度变化定名为蜜蜡黄、栗色黄、秋葵黄、黄花黄、鸡蛋黄等。色度浓重的蜜蜡黄、栗色黄极罕见，其价值可抵羊脂白玉。在清代，由于黄玉与"皇"谐音，又极稀少，经济价值一度超过羊脂白玉（图4-16）。

（6）糖玉：氧化铁渗入闪透石呈深浅不同的红色，深红色的称"糖玉""虎皮玉"，白色略带粉红色的称"粉玉"。糖玉常与白玉或素玉称双色玉料，可制作"俏色玉器"：以糖玉皮刻籽料掏空制成鼻烟壶，称"金银

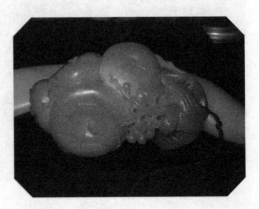

△ 图4-16 黄玉雕件

裹"，亦能增值。

（7）墨玉：闪透石中夹石墨、磁铁成分即呈黑色。墨玉多为灰白或灰墨色玉中夹黑色斑纹，依形命为"乌云片、淡墨光、金貂须、美人鬓"等。黑色斑浓重密集的称纯漆墨，价值高于其他墨玉品种。墨玉呈蜡状光泽，其颜色不均不宜雕琢纹饰，多用以制成镶嵌金银丝的器皿。

（8）翠青玉：青绿色至浅翠绿色品种，偶尔见于某些产地，因其绿色似翡翠而得名，与青玉、碧玉的绿色有明显的不同。这种玉很少单独产出，而是呈层状或团块状与白玉、青白玉伴生在一起，也可以直接以青玉命名。

（9）烟青玉：烟灰色、灰紫色品种，偶尔见于某些产地，也可以直接以青玉命名。颜色深的品种应注意与墨玉的区别。

（10）碧玉：玉质呈碧绿色，除绿色调外一般不带其他色调，只是绿色的深浅明暗变化，而青玉则是带青、蓝或黄色调的绿色。一般以此区分二者。玉石常常含有黑点等特征（为磁铁矿、铬尖晶石等杂质）。碧玉以色青绿至鲜绿者为贵，有黑色杂质、色淡的次之，不过大片的绿色与黑色星点的搭配也形成一种自然的美。碧玉由于主要产于超基性岩中，因此富含铁、铜、铬、镍、钛、钒、钴等金属元素，是软玉中微量元素最为丰富的品种。

四、和田玉与其他玉石的区分与鉴别

1. 和田玉与岫玉的辨别

和田玉，其质地、硬度和比重都有一定的指标；产于辽宁岫岩县的岫玉，其质地、硬度和比重都不及和田玉。

岫玉由于质地细腻，水头较足，所以常常把它做旧来冒充老的和田玉。区分和田玉与岫玉的最好办法：用普通小刀刻几下，吃刀者为岫玉，纹丝不入者为和田玉。如果身边没有带刀，只需细看雕刻时的受刀处，和田玉受刀处不会起毛，而岫玉则有起毛。此外，岫玉手感也较轻，敲击时声音沉闷暗哑，不像和田玉清脆。

除了岫玉，还有其他普通玉石用来冒充和田玉，其鉴别方法大致同上。

2. 和田玉与俄罗斯玉、青海玉的辨别

我国青海和俄罗斯中亚地区，现在也出产一种玉，俗称青海玉（图4-17）和俄罗斯玉，其矿石成分相似。这种玉多为白色，看上去也似蜡状油脂光泽，因此很容易冒充白玉。它的硬度和白玉一样，故不能用小刀刮刻来鉴别其真伪。

这种玉所含石英质成分偏高，因此与白玉相比，质粗涩，性梗，脆性高，透明性强；经常日晒雨淋，容易起膈、开裂和变色。特别是将和田玉与俄罗斯玉放在一起加以比较，一个糯、一个梗，一个白得滋润、一个则是"死白"，其高下之别不言自明。敲击时，一个声音清脆，一个沉闷，也不难分辨。

俄罗斯所产的透闪石质白玉，在新疆和田白玉资源相对枯竭的情况下，其质地目前被广泛认可，成为和田玉爱好者的新宠。目前，市场上较好的白玉多数产于俄罗斯。

▲ 图4-17　青海玉

3. 和田玉与阿富汗玉的鉴别

阿富汗玉基本上是一种白色石头的总称，人们把硬度不够、似玉非玉、光泽粗糙的玉石器，习惯上都称为阿富汗玉。阿富汗玉，行内简称"阿料"，并不是我们通常所说的真正意义上的玉器，最明显的区别是其具有层状结构和粒状结构。

阿富汗玉学名"大理岩"。大理岩是一种变质岩，又称大理石，由碳酸盐岩经区域变质作用或接触变质作用形成；主要由方解石和白云石组成，还含有硅灰石、滑石、透闪石、透辉石、斜长石、石英、方镁石等；具粒状变晶构造，块状（有时为条带状）结构。因原岩不同，可形成不同类型的大理岩。

阿富汗玉产自欧亚大陆的大山之中，那里的玉石自然袒露在山体之外，蒙受亿万年烈日的暴晒，却不失其水分和光泽，反而色如凝脂，油脂光泽，精光内蕴，厚质温润。早在两河流域文明兴盛期，各国王公贵族都应用阿富汗白玉来解暑、保健、养生。

阿富汗玉具有特殊的物理结构和化学成分，自然形成了吸水、锁水、保湿的功能，长期与人体接触，就很容易吸收人体的汗渍、油脂，而有益成分则被人体吸收。所以，阿富汗白玉与人体接触越久，越有油脂感，而人的皮肤越光滑细腻。

另外，阿富汗白玉还具有光电效应。在摩擦、搓滚过程中，可以聚热蓄能，形成一个电磁场，使人体产生谐振，促进各部位、各器官协调运转，从而达到稳定情绪、平衡生理机能的作用，起到保健强身的功效。白玉中的有益微量元素还可以改善皮肤的外观，均衡皮脂的分泌，有助于维持细胞适当水分，让皮肤看起来更滋润、更年轻。

阿富汗玉在坊间主要用来作为保健用品、装饰用品及骨灰盒，严格来说是石头而非玉，之所以称为玉，主要是为了吸引更多人的购买，其价值相当低廉。阿富汗玉做成的摆件首饰及配件，给人的感觉是以水灵透明为主，轻轻敲击时声音也较为

清脆，但是只要和真玉相互摩擦马上就会留下白色的痕迹，所以应该说是不难辨别的。在市场上也经常有人用阿富汗玉制作冒充和田玉，购买者只要小心测试一下它的硬度，便不会上当了。阿富汗玉制作的作品，大到香炉、摆件，小到手镯、挂件，很多被当作和田玉收购。以阿富汗玉冒充和田籽料手串最多，因为冷不丁一看，这样的阿富汗玉石手串很温润，并且有时候还会有一层皮色，很像和田玉籽料（图4-18，图4-19）。

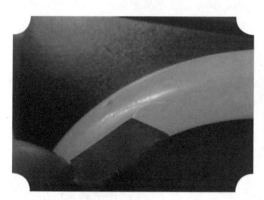

▲ 图4-18　刀刻玉痕

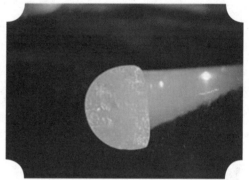

▲ 图4-19　玻碴状断口

4. 和田玉与京白玉的鉴别

京白玉为一种质地细腻、光泽油润的白色石英岩，石英含量在95%以上。其色彩均一，一般为纯白色，有时带有微蓝、微绿或灰色调，无杂质；石英颗粒细小，粒径一般小于0.2 mm；质地细腻，微透

明。好质量者，抛光后雪白如羊脂玉，但不如羊脂玉"滋润"，且性脆没有羊脂玉的韧性。

常见京白玉饰品与和田玉混在一起出售，令初学者难辨真伪。辨别此玉可从以下几点分析：通体质白，无杂色；内

部结构特征不明显；硬度高，小刀划不动；质感透，通光性好；表面为玻璃状光泽（和田玉为油脂状或压油脂状、半玻璃状光泽）；在原料边缘局部或成品加工处，强光下能见到细小的石英状耀斑；断口处为玻碴状（和田玉为蜡脂状）；最明显特征，手摸感觉凉滑细腻（和田玉则温润）。

蛇纹若现——岫玉

一、岫玉的概念

岫玉又称岫岩玉（xiuyan jade），以产于辽宁省鞍山市岫岩满族自治县而得名，为中国历史上的四大名玉之一（图4-20）。广义上可分两类：一类是老玉（亦称黄白老玉），老玉中的籽料称作河磨玉，属于透闪石类和田玉，其质地朴实、凝重，色泽淡黄偏白，是一种珍贵的璞玉；另一类是岫岩碧玉，属蛇纹石类矿石，其质地坚实而温润、细腻而圆融，多呈绿色-湖水绿，其中以深绿、通透少瑕为珍品。

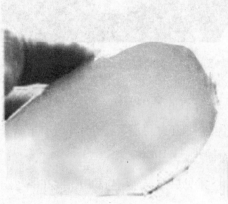

▲ 图4-20 抛光后的岫玉

岫岩玉不是一个单一的玉种，其矿物成分复杂，物理性质、工艺美术特征等亦多有差别。按矿物成分的不同，可将岫岩玉分为蛇纹石玉、透闪石玉、蛇纹石玉和透闪石玉混合体三种，其中以蛇纹石玉为主。另外，河磨玉中透闪石成分较高的也称为"和田玉"。

二、岫玉的理化性质

（1）矿物组成：蛇纹石、方解石、滑石、磁铁矿、白云石、菱镁矿、绿泥石、透闪石、透辉石、铬铁矿等，其化学成分为含水镁硅酸盐矿物。

（2）结构构造：均匀致密块状构造，部分毛矿中可见脉状、片状、碎裂状构造。

（3）颜色：常见的蛇纹石玉主要有黄绿色、深绿色、绿色、灰黄色、白色、棕色、黑色及多种颜色的组合。

（4）光泽及透明度：蜡状光泽-玻璃光泽，半透明至不透明。

（5）光性：非均质矿物的集合体，在正交偏光下表现为集合消光，折射率为1.56~1.57。

（6）解理：无解理，断口呈平坦状。

（7）硬度：受组成矿物的影响，摩氏硬度变化介于4.8~5.5之间。

（8）相对密度：2.45~2.48。

三、岫玉的历史

1983年在海城小孤山仙人洞人类洞穴遗址中，出土了距今1.2万年前的三件岫岩透闪石玉砍斫器，为迄今人类最早制作使用的玉制品。《中国古代玉器》一书载："中国最早的玉器出现于东北距今约7 500年前的辽宁阜新查海的新石器时代早期遗址内"，"作为岫岩玉的故乡，辽宁阜新查海和内蒙兴隆洼率先揭开了中国古玉文明的篇章"。岫岩玉远古开发利用的顶峰是在距今5 000~6 000年前的红山文化时期，其中最著名的内蒙古三星他拉玉龙，被称为"中华第一玉龙"。《中国文物鉴赏·玉器卷》载："几千年来，我国人民使用岫岩玉，从没间断过，最具代表的辽西出土新石器时期红山文化玉器用料全部为岫岩玉。从商周、春秋、战国到西汉，一直到今天，岫岩玉制品已随处可见。"新中国成立后，于1957年在岫岩县北瓦沟一带建立了国营矿山。在生产过程中，北瓦沟露天采区于1964年自动滑落出一块体积为2.77 m×5.6 m×6.4 m，重约260.76 t，以草绿色为主，透明度较高，有一半被滑石包裹着的巨大而完整的岫岩玉块，其制品"玉王岫岩玉大佛"现陈列于辽宁省鞍山市玉佛苑。

据统计，迄今岫岩玉的年产量占全国玉石总产量的50%~70%，供应全国20多个省、市、区约200个玉雕厂使用。用岫岩玉制作的各种首饰和玉器不但销售于全国各地，在国际市场上也有良好的销路（图4-21）。

🔺 图4-21　岫玉雕件

四、岫玉的质量评价

岫玉的质量评价主要依据以下8项基本要素和标准。

1.颜色

岫玉的颜色种类繁多，深浅不一，按色类和深浅大致划分如下：

（1）绿色系列：深绿、碧绿、绿、草绿、浅绿。

（2）黄色系列：橙黄、柠檬黄、黄、淡黄。

（3）黑色系列：墨、黑、青、深灰、灰、浅灰。

（4）白色系列：乳白、白、无色。

（5）混色系列：墨绿、黄绿、绿黄、黄白、白黄、灰白。

（6）花玉系列：红色纹理、棕色纹理、橙色纹理、黄色纹理。

在各种颜色系列中，以绿色系列最佳，其次是黄色。

在具体评价颜色好与差时，应从四个方面进行观察分析，即浓度、纯度、鲜艳度和均匀度。

浓度是指颜色的深浅，一般来讲以中等浓度最好，太深或太浅较差。纯度是指色调的纯正程度，当混入其他色调时就不纯正了，或叫偏色了，显然，色调越纯正越好，混色时较差。鲜艳度是指颜色的明亮程度，也称色阳，当然，鲜艳程度越高越好。均匀度是指颜色分布的均匀程度，一般来讲，颜色越均匀越好，不均匀则差。对某些岫玉品种则例外，如花玉，各种红、褐、橙、黄色调与变化多端的花纹，往往构成奇特美丽的画面，反而更加珍贵（图4-22）。

▲ 图4-22 岫玉花王

2. 透明度

岫岩蛇纹石玉的一个突出特点是透明
度较高，大多数为亚透明或半透明，少数
为透明和微透明，不透明者很少。岫玉之
所以被称为我国四大名玉之一，透明度好
起了关键性作用。

3. 质地

玉石的质地越细越好，越均匀越
好。玉石是多晶集合体，晶体颗粒的大
小决定了玉质的细腻和粗糙程度，即晶
体颗粒度越小则玉质越细腻，晶体颗粒
度越大则玉质越粗糙。一般用肉眼观
察，如有明显的颗粒感，则玉质较粗；
如无颗粒感，玉质比较细腻，如在10倍
放大镜下也无颗粒感，玉质就非常细腻
了。总体来讲，岫玉的质地大多数是比
较细腻的，少数稍显粗糙。

质地与透明度和抛光性有直接关系，
即质地越细腻，其透明度越高，抛光性越
好，表面反光也越强，增加了岫玉的美
感，提高了岫玉的质量。反之，质地越
粗，透明度越差，抛光性越差，降低了岫
玉的质量。

4. 净度

净度是指玉石内部的干净程度，即含
杂质和瑕疵的多少。

岫玉由于透明度较好，肉眼观察即可
看到内部的杂质和瑕疵；易于判断其净度
的好坏。通常岫玉中的杂质有以下几种。

（1）白色絮状物杂质：是岫玉中含
量最多的杂质，如呈斑状形态时通常称为
"脑"，如呈不定型飘散状时称为"棉"
或"绺"。这些白色的"脑"或"棉"是
由第二期重结晶的粗粒蛇纹石构成的。

（2）白色米状杂质：常见到的一种
杂质，呈粒状星点状分布，因其很像白色
的小米粒，故当地人称为"小米粥"。这
些白色粒状物是由早期残留的碳酸盐即白
云石矿物组成的。

（3）黑色杂质：常见的一些呈点
状、斑块状、条状或不规则形状的黑色杂
质，不透明，当地人称其为"黑脏"，是
影响岫玉质量最不利的因素。这些黑色杂

质主要是由石墨构成的。

（4）黄色杂质：偶尔可见一些呈斑点状或斑块状的黄色杂质，不透明，呈金属光泽。它们是由黄铁矿或磁黄铁矿构成的。一般来说，玉中的杂质都是不利的，降低了玉石的质量，但这种杂质不同，由于它有金光闪闪的光泽，可以为岫玉增添新的光彩，因此在岫玉雕件特别是手镯上出现时，人们给了它一个很好听的名称，称为"金镶玉"，因其稀少，往往成为收藏品。

5. 跑色程度

岫玉雕件随着时间的流逝，其颜色会明显变浅、透明度变差，其中的"棉""脑"等杂质由模糊变清楚，当地人称此现象为"跑色"。经初步研究，这是因岫玉失水造成的。跑色实质上是跑水现象，对岫玉的质量影响很大。水是导致岫玉颜色鲜艳和透明度高的重要因素，失水则会造成岫玉颜色变浅、透明度变差。

——地学知识窗——

蛇纹石玉的品种

蛇纹石玉的产地非常多，不同产地的蛇纹石玉矿物组合各异，表现在颜色等特征上也各有特点。除辽宁岫岩县外，中国蛇纹石玉产地非常广泛。

酒泉蛇纹石玉，产于中国甘肃省祁连山地区，为一种含有黑色斑点或不规则黑色团块的暗绿色蛇纹玉石。

信宜蛇纹石玉，产于中国广东省信宜市，为一种含有美丽花纹、质地细腻、暗至淡绿色块状蛇纹石玉，俗称"南方玉"。

陆川蛇纹石玉，产于中国广西陆川县，主要有两个品种，其一为带浅白色花纹、翠绿至深绿色、微透明至半透明的较纯蛇纹石玉，另一种为青白至白色、具丝绢光泽、微透明的透门石蛇纹石玉。

台湾蛇纹石玉，产于中国台湾花莲县，其内常含有铬铁矿、铬尖晶石、磁铁矿、石榴石、绿泥石等矿物包体，而具黑点或黑色条纹、半透明、油脂光泽、草绿-暗绿色的蛇纹石玉。

6. 裂隙

裂隙对岫玉的质量有明显的负面影响：裂隙可使岫玉的透明度降低，次生杂质充填，降低了岫玉的美感，影响了岫玉的耐久性。裂隙越多越大，岫玉的质量越差；裂隙越少越小，则岫玉的质量越高。

7. 块度

对于同等质量的岫玉，显然，其块度越大则价值就越高。

8. 工艺水平

俗话说"玉不琢不成器"，有了好玉料还必须有高水平的工艺才能使其成为一件好的玉器。工艺包括造型和雕工，行内有"远看造型，近看雕工"之说。

岫玉雕件的造型应简练生动、比例合适、体态均衡，给人以和谐逼真的感觉。如果上下左右比例失调，则会给人别扭不舒服的感觉。

雕工应是精雕细刻，表现在纹饰图案的线条流畅、琢刻细腻、抛光良好，包括细微及凹浅处甚至镂空内部，都雕刻细致及抛光到位，而无多余刀痕或废刀痕，看上去和谐美观、光亮鉴人。若刀法凌乱，棱棱角角，光泽暗淡，这样的玉器多是粗制滥造的，不仅影响美观和玉器的价值，更是对天然资源的一种极大浪费。

把岫玉的颜色、质地、透明度、裂隙、杂质和块度等综合考虑在内，岫玉原料可分成四级：

（1）特级：碧绿色，质地细腻，无绺、无絮、无杂质，无裂，透明度好，块度大于50 kg。

（2）一级：绿色、深绿色，质地细腻，无绺、无絮、无杂质，无裂，透明度好，块度大于10 kg。

（3）二级：不分色泽，少绺、少絮、少杂质，少裂纹，透明度中等，块度大于5 kg。

（4）三级：不分色泽，有绺、有絮、有杂质，有裂纹，透明差，块度小于5 kg。

五、岫玉与相似玉石的鉴别

1. 软玉

有些软玉与岫玉在外表上比较相似，但是软玉的折射率($1.61\pm$)、硬度($H_M=6\sim6.5$)和密度(2.95 g／cm^3 $\pm$)高于岫玉。历史上许多误认为是软玉的雕件实际上是蛇纹石玉。岫玉与软玉的详细鉴别见软玉一节。

2. 翡翠

某些翡翠有可能与岫玉相似，但翡翠的折射率($1.66\pm$)、硬度($H_M=6.5\sim7$)和密

度 (3. 33 g/cm³ ±)都明显高于岫玉。放大检查中可以发现翡翠有解理面的反光(翠性)，而岫玉没有。

有些品种的岫玉遇盐酸、硫酸分解，而软玉、翡翠无此情况。

3. 玉髓

玉髓的折射率低于岫玉。也可用小刀在不显眼的地方刻划，玉髓将不能被刻划，而岫玉可被刻划。

4. 玻璃

玻璃为均质体，而岫玉为非均质集合体，无消光位。放大观察，玻璃内可具气泡，且断口为贝壳状，呈玻璃光泽。

六、岫玉的优化处理及其鉴别

岫玉的优化处理主要有染色、蜡充填和"做旧"处理。

1. 染色

染色岫玉是通过加热淬火处理，产生裂隙，然后浸泡于染料中进行染色。染色蛇纹石玉的颜色集中在裂隙中，放大检查很容易发现染料的存在。

2. 蜡充填

这种方法主要是将蜡充填于裂隙或缺口中，以改变样品的外观，充填的地方具有明显的蜡状光泽，用热针试验可以发现裂隙处有"出汗"现象，即蜡可从裂隙中渗出来，同时可以嗅到蜡的气味。

3. "做旧"处理

岫玉中质地较粗者常常"做旧"用来仿古玉。做旧的方法有加热熏烤、强酸腐蚀、染色形成各种"沁色"，有的最后再人工制成残缺状来仿古玉。

南阳点萃——独山玉

一、独山玉的概念

独山玉（dushan jade）是我国特有的玉石品种，因产于河南南阳的独山而得名，也称"南阳玉"或"河南玉"，也有简称为"独玉"的。独山玉是中国四大名玉之一。

独山玉质地坚韧细腻，色泽温润绚丽，有绿、白、蓝、黄、紫、红、青、黑等颜色以及数十种混合色和过渡色，是工艺美术雕件的重要玉石原料（图4-23）。

▲ 图4-23 独山玉雕件

二、独山玉的理化性质

1. 矿物成分

独山玉是一种辉长岩，其组成矿物较多，主要矿物是斜长石（20%～90%）和黝帘石（5%～70%），其次为翠绿色铬云母（5%～15%）、浅绿色透辉石（1%～5%）、黄绿色角闪石、黑云母，还有少量蜡石、金红石、绿帘石、阳起石、白色沸石、葡萄石、绿色电气石、褐铁矿、绢云母等。

2. 组织结构

独山玉具细粒（粒度<0.05 mm）状结构，其中，斜长石、黝帘石、绿帘石、黑云母、铬云母和透辉石等矿物呈他形一半、自形晶紧密镶嵌，集合体为致密块状。

3. 光学性质

独山玉具有玻璃光泽－油脂光泽，微透明至半透明。正交偏光镜下没有消光位。独山玉的折射率大小受组成矿物影响，在宝石实验室用点测法测到的折射率值变化在1.56～1.70，未见特征吸收谱。在紫外灯下，独山玉表现为荧光惰性，有的品种可有微弱的蓝白、褐黄、褐红色荧光。

4. 物理性质

独山玉无解理，密度为2.73～3.18 g/cm^3，摩氏硬度为6～6.5。因其硬度几乎可与翡翠媲美，故国外有地质学家也将其称为"南阳翡翠"。

三、独山玉品种

独山玉是一种多色玉石，按颜色可分为8个品种：

（1）白独玉：呈白或灰白色，质地细腻，具有油脂般的光泽。其品种包括奶油白玉、透水白玉等。

（2）绿独玉：绿色-翠绿色，半透明，质地细腻，近似翡翠，具有玻璃光泽。

（3）紫独玉：呈暗紫色，透明度较差。

（4）黄独玉：呈黄绿色或橄榄绿色。

（5）红独玉：又称"芙蓉玉"。呈浅红色-红色，质地细腻，光泽好。

（6）青独玉：呈青绿色，透明度较差。

（7）墨独玉：呈黑、墨绿色。

（8）杂色独玉：呈白、绿、黄、紫相间的条纹、条带以及绿豆花、菜花和黑花等。

四、独山玉鉴评

独山玉的鉴评依据颜色、裂纹、杂质及块度大小四个方面。优质独山玉为白色和绿色，白色玉为油脂光泽，绿色者为翠绿、微透明、质地细腻、无裂纹、无杂质。颜色杂、色调暗、不透明、有裂纹和杂质的独山玉为下等品。

毛矿交易中，依据质量，独山玉可分特级、一级、二级、三级四个等级。

1. 特级料

颜色纯正，翠绿、蓝绿、淡蓝绿、白中带绿，结构致密，质地细腻，无白筋，无杂质，无裂纹，块度在20 kg以上者。

2. 一级料

颜色均匀，白色、乳白色、绿白浸染，质地细腻，无杂质，无裂纹，块度在20 kg以上者。

3. 二级料

颜色均匀，白色、绿中带杂色，质地细腻，无杂质，无裂纹，块度在3 kg以上者。

4. 三级料

杂色，但色泽较鲜明，质地细腻，有杂质和裂纹，单色块度可达1 kg以上，杂色部分块度在2 kg以上者（图4-24）。

▲ 图4-24 独山玉摆件

五、独山玉历史

独山玉雕,历史悠久,考古推算,早在5 000多年前先民们就已认识和使用了独山玉。据史料记载,独山玉雕始于夏商,盛于汉唐,精于明清,新中国成立后走向全盛时期,并成为驰名中外的艺苑奇葩。据传,历史上有名的和氏璧即为独山玉,在它流传的数百年间,被奉为"无价"的"天下所共传之宝"。

六、独山玉与相似玉石的鉴别

与独山玉相似的玉石有翡翠、软玉、石英岩玉、碳酸岩及蛇纹石玉。

1. 翡翠

优质独山玉质地细腻,很像翡翠,但二者结构明显不同,翡翠为纤维变晶结构,独山玉为粒状变晶结构。另外,二者颜色特征和颜色分布特点也有明显的差异,翡翠的颜色比独山玉颜色艳丽,独山玉的绿色中带有明显的灰色、黄色色调,整体颜色不明快。翡翠的绿色为带状、线状分布,由绿色的纤维状硬玉矿物集合体造成;而独山玉的绿色多呈团块状分布,由粒状的绿色绿帘石矿物集合体形成;翡翠的密度3.34(+ 0.06,−0.09) g∕cm³比独山玉的密度高。

2. 软玉

有时软玉也有可能与独山玉相混,但仔细观察可以发现二者的光泽有差异。软玉一般为油脂光泽,而独山玉为玻璃光泽。独山玉的质地细腻程度比软玉差,颜色分布比软玉杂乱。

3. 石英岩玉

独山玉与石英岩玉比较,折射率和密度均高于石英岩玉。绿色的石英岩玉颜色均匀,透明度高,而独山玉颜色杂,透明度较低。

4. 蛇纹石玉及碳酸岩

与蛇纹石玉及碳酸岩类玉石相比,独山玉的硬度、密度、折射率都高。

另外,碳酸岩类玉多为白色和绿色,遇酸起泡;蛇纹石玉以黄绿色为主。

细密若瓷——绿松石

一、绿松石的概念

绿松石（turquoise），意为土耳其石，工艺名称为"松石"，又名"绿宝石"。在中国属广义玉的范畴，因其形似松球且色近松绿而得名。绿松石是世界上稀有的贵宝石品种之一，但土耳其并不产绿松石，传说古代波斯产的绿松石是经土耳其运进欧洲而得名。

绿松石，中国"四大名玉"之一，又称松石、土耳其玉、突厥玉。绿松石质地不很均匀，颜色有深有浅，甚至含浅色条纹、斑点及褐黑色的铁线。致密程度也有较大差别，孔隙多者疏松，少者致密坚硬。抛光后具柔和的玻璃光泽–蜡状光泽。优质品经抛光后好似上了釉的瓷器，故称为"瓷松石"。绿松石受热易褪色，容易受强酸腐蚀变色。此外，硬度越低的绿松石孔隙越发育，越具有吸水性和易碎的缺陷，因而油渍、污渍、汗渍、化妆品、茶水、铁锈等均有可能顺孔隙进入，导致难以去除的色变（图4-25，图4-26，图4-27）。

图4-25 出土的绿松石饰品

 图4-26 绿松石工艺品

图4-27 绿松石原矿

二、绿松石的理化性质

1. 矿物组成

绿松石的主要组成矿物是绿松石，常与埃洛石、高岭石、石英云母、褐铁矿、磷铝石等共生，高岭石、石英和铁矿等加入的比例将直接影响绿松石的品质。

2. 化学组成

绿松石为一种含水的铜铝磷酸盐，化学式为 $CuAl_6(PO_4)_4(OH)_8 \cdot 5H_2O$。绿松石的结构及铜离子决定了它的基本颜色为天蓝色，如被铁、锌等离子替代则呈现绿色、黄绿色。另外，绿松石中水的含量也影响着蓝色的色调。随着结晶水、结构水的含量逐渐降低，铜离子逐渐流失，绿松石的颜色由蔚蓝色变成淡灰绿色以至灰白色。

3. 颜色

绿松石的颜色可分为蓝色、绿色、杂色三大类。蓝色包括蔚蓝、蓝，色泽鲜艳；绿色包括深蓝绿、灰蓝绿、绿、浅绿以至黄绿，深蓝绿者仍然美丽；杂色包括黄色、土黄色、月白色、灰白色。绿松石中 Cu^{2+} 离子的存在决定了其蓝色的基色，而铁的存在将影响其色调的变化。绿松石中 Fe_2O_3 与 Al_2O_3 的含量呈反消长关系，随着 Fe^{3+} 离子含量的增加，绿松石则由蔚蓝色变为绿色、黄绿色。绿松石中的水含量一般在 $15\% \sim 20\%$，其间水以结构水、结晶水及吸附水三种状态存在。随着风化程度的加强，绿松石中结晶水、结构水的含量逐渐降低，结晶水、结构水的脱出与铜的流失一样，将导致绿松石结构完善程度的降低。随着 Cu^{2+} 和水的逐渐流失，绿松石的颜色将由蔚蓝色变成灰绿色以至灰白色。在宝石业中，以蔚蓝、蓝、深蓝绿色为上品。绿色较为纯净的也可做首饰；而浅蓝绿色只有大块才能使用，可做雕刻用石；杂色绿松石则需人工优化后才能使用（图4-28）。

4. 光学性质

（1）二轴晶正光性。

（2）光泽与透明度：蜡状光泽、油脂光泽，抛光好的平面可达到玻璃光泽。一些浅灰白的绿松石具土状光泽。

（3）光性特征：非均质集合体。

▲ 图4-28　绿松石摆件

（4）折射率：点测法常为1.62，变化范围1.61~1.65。

（5）多色性：无。

（6）发光性：在长波紫外线下，绿松石一般无荧光或荧光很弱，呈现一种黄绿色弱荧光。短波紫外线下绿松石无荧光。

（7）吸收光谱：在强的反射光下，在蓝区420 nm处有一条不清晰的吸收带，432 nm处有一条可见的吸收带，有时于460 nm处有模糊的吸收带。

5. 物理性质

（1）解理：绿松石多为块状集合体、结核状集合体，无解理。

（2）硬度：5~6。硬度与品质有一定的关系，高品质的绿松石硬度较高，而灰白色、灰黄色绿松石的硬度较低，最低在3左右。

（3）相对密度：绿松石的相对密度为2.76（+0.14，-0.36）。高品质的绿松石，其相对密度在2.8~2.9之间。多孔绿松石的相对密度有时可降到2.4。

三、绿松石品种

绿松石属优质玉材，中国清代称之为天国宝石，视为吉祥幸福的圣物。绿松石因所含元素的不同，颜色也各有差异，氧化物中含铜时呈蓝色，含铁时呈绿色。其中，以蓝色、深蓝色，不透明或微透明，颜色均一，光泽柔和，无褐色铁线者质量最好。

绿松石质地细腻、柔和，硬度适中，色彩娇艳柔媚，但颜色、硬度、品质差异较大。通常分为四个品种，即瓷松、绿松、泡（面）松及铁线松等。

1. 瓷松

瓷松是质地最硬的绿松石，硬度为5.5~6。因打出的断口近似贝壳状，抛光后的光泽质感均很似瓷器，故得名。通常颜色为纯正的天蓝色，是绿松石中最上品。

2. 绿松

绿松颜色从蓝绿到豆绿色，硬度为4.5~5.5，比瓷松略低，是一种中等质量的松石。

3. 泡松

泡松又称面松，呈淡蓝色到月白色，硬度在4.5以下，用小刀能刻划。因为这种绿松石软而疏松，只有较大块才有使用价值，为质量最次的松石。

4. 铁线松

绿松石中有黑色褐铁矿细脉呈网状分布，使蓝色或绿色绿松石呈现黑色龟背纹、网纹或脉状纹的绿松石品种，称为铁线松。其上的褐铁矿细脉被称为"铁线"。铁线纤细，黏结牢固，质坚硬，与松石形成一体，使松石上有如墨线勾画的自然图案，美观而独具一格。具美丽蜘蛛网纹的绿松石也可成为佳品。但若网纹为黏土质细脉组成，则称为泥线绿松石。泥线绿松石胶结不牢固，质地较软，基本上没有使用价值。

四、国内绿松石等级

根据颜色、光泽、质地和块度，中国工艺美术界一般将绿松石划分为三个等级：

1. 一级绿松石

呈鲜艳的天蓝色，颜色纯正、均匀，光泽强，半透明至微透明，表面有玻璃感。质地致密、细腻、坚韧，无铁线或其他缺陷，块度大。

2. 二级绿松石

呈深蓝、蓝绿、翠绿色，光泽较强，微透明。质地坚韧，铁线或其他缺陷很少，块度中等。

3. 三级绿松石

呈浅蓝或蓝白、浅黄绿等色，光泽较差。质地比较坚硬，铁线明显，或白脑、筋、糠心等缺陷较多，块度大小不等。

五、绿松石鉴评

绿松石的鉴评应从以下几方面综合考虑：

1. 颜色

高档绿松石即首饰用绿松石，要求具标准的天蓝色，其次为深蓝色、蓝绿色，且要求颜色均匀。那些浅蓝色、灰蓝色的绿松石只能用作雕件，而黄褐色绿松石工艺价值较低。

2. 相对密度及硬度

高档绿松石要求具有较高的密度和硬度，即密度在2.7 g/cm³左右，摩氏硬度在6左右。因为密度值直接反映出绿松石受风化的程度。随着风化程度的加深，绿松石相对密度降低，硬度降低，颜色质量也明显降低。相对密度低于2.4 g/cm³、摩氏硬度低于4的绿松石，一般要经稳定化处理才可使用。

3. 纯净度

绿松石内常含黏土矿物和方解石等杂质，这些杂质多呈白色，在玉器行里称为白脑。白脑发育的绿松石加工时易炸裂，质量明显降低。

4. 特殊花纹

绿松石是唯一一种可与围岩共同磨制的玉石，当围岩与绿松石构成的图案具有一定的象征意义时，产品将受到好评。

——地学知识窗——

绿松石的优化

注油：将绿松石浸泡在汽油等液体中，以改变颜色和光泽，但浸泡后的样品极易褪色。

浸蜡：将绿松石在虫蜡或川蜡中煮，传统珠宝界称其为过蜡。浸蜡可加深绿松石的颜色，封住细微的孔隙。

染色：将绿松石浸于无机或有机染料中，将浅色或近白色的绿松石染成所需的颜色。

注塑：包括无色或有色塑料的注入，有时也添加着色剂。这种优化处理方法是目前最现代化、最成功的方法。通过注塑可以弥补孔洞，以提高绿松石的稳定性；减少表面光的散射，使绿松石显示中等蓝色凋，以改善外观。

5. 块度

在绿松石原矿的销售中，对块度有一定的要求，总的原则是颜色质量高的绿松石，块度要求可以低些。

六、绿松石产地

1. 中国

绿松石的产地主要有湖北、陕西、青海等地，其中，湖北产的优质绿松石中外著名。

湖北绿松石，古称"荆州石"或"襄阳甸子"。产量大，质量优，享誉中外，主要分布在鄂西北的郧县、竹山、郧西等地，矿山位于武当山脉的西端、汉水以南的部分区域内。

2. 伊朗

产自伊朗东北部阿里米塞尔山上的尼沙普尔地区。日本等国称之为"东方绿松石"。

3. 埃及

西奈半岛有世界最古老的绿松石矿山。

4. 美国

产自美国西南各州，特别是亚利桑那州最为丰富。

5. 澳大利亚

在一些大的矿床中发现致密而优美的蓝色绿松石，颜色均匀，质硬，呈结核状产出。

6. 其他产地

智利、乌兹别克斯坦、墨西哥、巴西等。

七、绿松石与相似玉石及其仿制品的鉴别

1. 三水铝石

是一种铝的氢氧化物，与绿松石共生，呈白色、浅绿色，集合体呈结核状、皮壳状（图4-29）。与绿松石极易混淆，仔细观察，其外表特征有以下几点可以与绿松石区别：

（1）颜色

三水铝石是一种比较浅的浅绿色，很难达到天蓝色。

▲ 图4-29 三水铝石

（2）光泽

三水铝石为玻璃光泽，而绿松石则是典型的蜡状光泽及土状光泽。

（3）韧度

三水铝石是脆性的，极易崩落，而绿松石则韧性较大。

（4）硬度

三水铝石硬度极低，摩氏硬度为2.5～3.5。

（5）密度

密度低于绿松石，为2.30～2.43g/cm³。较为难鉴定的是一种染色同时被塑料充填后的三水铝石。这种三水铝石可具有绿松石的天蓝色，韧性加大，外表与绿松石更加接近，需准确测定其密度才可将其与绿松石区分开。另外，在红外光谱中，三水铝石具有与绿松石不同的吸收谱。

2. 硅孔雀石

一种含水的铜铝硅酸盐，常为隐晶质集合体，呈钟乳状、皮壳状、土状，绿色、浅蓝绿色，蜡状光泽、土状光泽、玻璃光泽（图4-30）。硅孔雀石也是外表与绿松石极相似的矿物之一，但可从以下几点区别：

图4-30 硅孔雀石

（1）颜色

硅孔雀石具有鲜艳的绿色、蓝绿色，加上它亚透明的特点，所以其绿色的感觉比绿松石艳。

（2）折射率

硅孔雀石折射率很低，为1.461～1.570，点测法一般在1.50左右，而绿松石一般在1.61左右。

（3）密度和硬度

硅孔雀石密度和硬度均相对较低，密度2.0～2.4g/cm³，硬度2～4。

3. 染色菱镁矿

菱镁矿是一种碳酸盐矿物，白色或浅黄白色（图4-31）。正常情况下，菱镁矿是不会与绿松石相混的，但市场上经常出现的一种染色菱镁矿串珠及小挂件，在外表上与绿松石相混，这种菱镁矿染色的产品常用黑色沥青等物质充填空隙以仿绿松石的铁线。染色菱镁矿可通过以下几点进行鉴定：

▲ 图4-31　染色菱镁矿

（1）密度和折射率

菱镁矿具有较高的密度（3.00 ～ 3.12 g/cm³），较低的折射率（点测约 1.60）。

（2）放大检查

可见绿色集中于菱镁矿的颗粒间，在裂隙处颜色变深，不具有白色条纹。有时可见到用黑色沥青充填在裂隙或孔洞中模仿绿松石的褐黑色纹。

（3）其他特征

查尔斯滤色镜下可能呈淡褐色。

4. 蓝绿色玻璃

玻璃也可以用来模仿绿松石，但是两者的折射率值明显不同。玻璃具有玻璃光泽、贝壳状断口，内部可能见到气泡和旋涡纹。

据资料报道，还有一些矿物及有机宝石，如染色的羟硅硼钙石、蓝铁染骨化石、天蓝石等可与绿松石相混，但只要仔细测定其物理常数或借助于红外光谱可将它们区分开来。

八、吉尔森"合成"绿松石及其鉴别

1972年由吉尔森生产的"合成"绿松石面市，它被认为是原材料再生产的产品，而不是真正意义的人工合成晶。市面上有两个品种，一种为较均匀较纯净的材料，另一种加入了杂质成分，外表类似于含围岩、含基质的绿松石材料。这种"合成"绿松石与天然绿松石的鉴别可从以下几方面考虑：

1. 颜色

吉尔森"合成"绿松石颜色单一、均匀，而天然绿松石颜色丰富、不均匀，即使是同一块，颜色也会出现不均匀现象。

2. 成分

吉尔森"合成"绿松石成分较均一，而天然绿松石杂质较多，如高岭石、埃洛石等黏土矿物，它们常集结成细小的斑块和细脉充填于绿松石间，还可见石英微粒集结的团块、褐铁矿细脉斑块和不均匀的褐铁矿浸染等。

3. 结构构造

吉尔森法"合成"绿松石采用了制陶瓷的工艺过程。吉尔森"合成"绿松石结构单一，放大 50 倍时，可见到这种"合成"绿松石浅灰色基质中大量均匀分布的蓝色球形微粒，称"麦片粥"效果。天然绿松石具细粒结构，并常具角砾状、碎斑状构造。

4. 放大检查

浅色基底中可见细小蓝色微粒、蓝色丝状包体及人工加入的黑色网脉(图4-32)。人造铁线纹理分布在表面，仅表现出几条生硬的细脉，一般不会内凹，绝无天然绿松石中千变万化的构图，天然绿松石的铁线往往是内凹的。

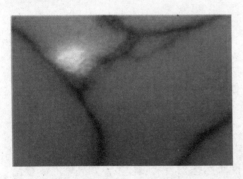

图4-32 黑色网脉

九、再造绿松石及其鉴别

再造绿松石（也称黏结绿松石）是由一些天然绿松石微粒、各种铜盐或者其他金属盐类的蓝色粉末材料，在一定的温度和压力下胶结而成的材料。用这种材料加工而成的绿松石制品与天然绿松石非常相似。可通过以下几方面进行鉴定：

1. 结构

再造绿松石外观像瓷器，具有典型的粒状结构。放大检查时，可以看到清晰的颗粒界线及基质中的深蓝色染料颗粒。

2. 酸试验

部分再造绿松石因含有铜的化合物而呈蓝色，铜盐能在盐酸中溶解。因此，将一滴盐酸滴于表面（理想的浓度是浓盐酸与水之比是 1：2）很快会使其蓝色变成淡绿蓝色，即使样品本身没有明显变化，而用以擦拭的白色棉球上却显出明显的蓝色。

Part 5 现代名玉聚珍

现如今，玉石的涵盖范围较为广阔，在自然界中凡是质地细腻、坚韧、光泽强、颜色美丽，由一种矿物或多种矿物组成的岩石，能够达到或具备工艺要求的，都可称之为"玉石"。

正气凛然——泰山玉

一、泰山玉的概念

泰山玉（taishan jade），产于山东省泰安市泰山山麓，主要分布在石蜡村、界首村一带。由泰山玉石材料雕刻成的作品有镇宅辟邪（素有"镇山玉"和"避邪玉"之称）、平安富贵、健身养生诸多功效，而其色泽凝重、典雅，与泰山石敢当的阳刚之气又一脉相承，故泰山玉不仅具有极高的艺术价值，还具有相当的精神文化内涵。

泰山玉为蛇纹石质玉，致密块状，质地细腻、温润；颜色以绿色为主，有碧绿、暗绿、墨黑等色，石中夹杂白色或黑色不规则的斑点；不透明–半透明，油脂、蜡状光泽，硬度为4.8~5.5。其矿物成分以蛇纹石为主，其次为绿泥石，伴有少量的滑石、石棉、碳酸盐矿物、黏土矿物、磁铁矿等。根据玉石的颜色、杂质成分和显微结构等特征，可分为泰山墨玉、泰山翠斑玉和泰山碧玉3类。其中，以泰山墨玉为主，而泰山碧玉质量最优，翠斑玉和墨玉次之。泰山墨玉质密细腻，光滑乌亮；翠斑玉五彩相间，斑斑驳驳；碧玉晶莹剔透，绿如夏荷。

"泰山玉"矿物由于颗粒细小，分布均匀，结构致密，比较适合于打磨抛光，且易于钻、锯、切磨、雕琢等，是制作较好的观赏石、雕刻工艺品或饰品的玉质矿物原料（图5-1）。

▲ 图5-1 泰山玉原石

二、泰山玉的历史

早在 2 500年之前，春秋名著《山海经》里就有一篇文章提到了泰山玉。据《山海经》中《山经》第四卷《东山经》

记载："泰山其上多玉……环水出焉，东流注于河，其中多水玉。"由此可见"泰山玉"自2 000多年前就已经被人所了解。据考证，5 000年前的大汶口先民们，就已经用泰山玉制作碧玉铲、臂环、佩饰等艺术品。

20世纪80年代初，在泰安市与济南市交界处的界首、石蜡村附近，泰山玉又被重新发现。最早，泰山玉被包裹在一种叫蛇纹岩的岩石里面，因为富含磷、钙、镁等元素，所以当时就被当成一种制造化肥的原料加以利用。后来，在挖掘过程中，经常会发现这些蛇纹岩里面夹杂着一些破碎的泰山玉。发现蛇纹岩中包含玉石以后，济南长清地区开始挖掘泰山玉，并挖出了体积较大的泰山玉。至20世纪90年代才逐渐把泰山玉引入市场，引起各方面的重视。

流光溢彩——欧泊

一、欧泊的概念

欧泊（opal），源于拉丁文opalus，意思是"集宝石之美于一身"。它是一种贵蛋白石，故又称为蛋白石、闪山云等，主要出产于澳大利亚。

欧泊主要由非晶质体的蛋白石$SiO_2 \cdot nH_2O$组成，含水量不定，一般为4%～9%，最高可达20%，另有少量石英、黄铁矿等次要矿物。宝石级的欧泊多有变彩，随着观察角度的不同可看到不同颜色，所以，欧泊又被称为具有一千种颜色的宝石。

二、欧泊的种类

欧泊的品种主要有三大类，即黑欧泊、白欧泊和火欧泊。

1. 黑欧泊

体色为黑色或深蓝、深灰、深绿、褐色等，以黑色最理想。黑体色的变彩更加鲜明夺目，显得雍容华贵。最为著名的黑欧泊发现于澳大利亚新南威尔士。

2. 白欧泊

在白色或浅灰色基底上出现变彩的欧泊，给人以清丽宜人之感。

3. 火欧泊

无变彩或少量变彩的半透明－透明品种，一般呈橙色、橙红色、红色。由于其色调热烈，有动感，所以被大多数美国人所喜爱。

三、欧泊的理化性质

1. 颜色

欧泊有白色、黑色、深灰色、蓝色、绿色、棕色、橙色、橙红色、红色等多种颜色。

2. 光泽和透明度

玻璃光泽－油脂光泽，透明－不透明。

3. 光性与折射率

欧泊为均质体，火欧泊常见异常消光。折射率为1.45左右，通常为1.42～1.43，火欧泊可低达1.37。

4. 解理、硬度与相对密度

欧泊无解理，具贝壳状断口。摩氏硬度为5～6。相对密度为2.15。

5. 多色性与紫外荧光

无多色性。荧光：无至中等强度的白色、浅蓝色、浅绿色和黄色，火欧泊可有中等强度的绿褐色荧光。有时有磷光，并且持续时间较长。

6. 特殊光学效应

欧泊具典型的变彩效应，在光源下转动欧泊可以看到五颜六色的色斑。极少数欧泊具有猫眼效应。

四、欧泊鉴评

欧泊价值的评估应重点考虑以下因素：

1. 颜色

一般来说，颜色深的欧泊价值较高，黑欧泊比白欧泊或浅色欧泊价值更高。

2. 变彩

质量上乘的欧泊应该是明亮的，有一定透明度，整个欧泊应变彩均匀，没有无色的死角。变彩的颜色和价值最高的欧泊，应出现可见光光谱中的各种颜色，即依次出现红色、紫色、橙色、黄色、绿色和蓝色。

3. 净度

优质欧泊不应有明显的裂痕和其他杂色包体，否则其评价等级就应下降。

4. 大小

欧泊的体积越大越好。

对于欧泊，不同地区和国家的人们就其色调有着不同的讲究。美国人大多数喜欢红色，因为它色调强烈，有动感。日本人及韩国人喜欢蓝色和绿色的欧泊，因为这种欧泊给人一种平静之感。中国人一向喜爱暖色调，因此，红色调的品种很容易在国内推开（图5-2）。

▲ 图5-2 欧泊

五、欧泊产地

欧泊是在表生环境下由硅酸盐矿物风化后产生的二氧化硅胶体溶液凝聚而成，也可由热水中的二氧化硅沉淀而成。其主要的矿床类型有风化壳型和热液型。

澳大利亚是世界上最重要的欧泊产出国，主要产区在新南威尔士、南澳大利亚和昆士兰，其中以新南威尔士所产的优质黑欧泊最为著名。墨西哥以其产出的火欧泊和玻璃欧泊而闻名，主要产出于硅质火山熔岩溶洞中。巴西北部的皮奥伊州是除澳大利亚外最重要的欧泊产地之一。其他的产地还有洪都拉斯、马达加斯加、新西兰、委内瑞拉等。

六、欧泊的优化处理、拼合及其鉴别

1. 拼合

目前，市场上最常见的拼合宝石就是拼合欧泊。因为欧泊主要为沉积成因或呈细脉状产出，有时欧泊太薄，不能琢磨成宝石。这种材料可以用黏合剂把它和玉髓片或劣质欧泊片黏结在一起，作为欧泊两层石或在欧泊两层石的顶部加一个石英或玻璃顶帽来增强欧泊的坚固性，而成为欧泊三层石。

另外，市场上还常见一种用欧泊碎屑作为中间层的拼合欧泊。

拼合欧泊在强顶光下放大检查，可以

看到平直的接合面，在接合面上大多可以找到球形或扁平形状的气泡。如为三层拼合，从侧面看，其顶部不显变彩，折射率高于欧泊。如未镶嵌从侧面可看到接合痕迹及颜色、光泽上的差别。

这种拼合欧泊要注意与带围岩的天然欧泊（又称为漂砾欧泊）相区别，欧泊与围岩间的界线呈自然的过渡状，结合缝不平直。

2. 糖酸处理

方法始于1960年，目的是仿黑欧泊。过程如下：

（1）清洗

预先清洗，在低于100℃下烘干。

（2）浸泡

将欧泊放在热糖溶液中浸泡几天，等欧泊慢慢冷却后快速擦净多余的表面糖汁，然后放入100℃左右的浓硫酸中浸泡1~2天，再慢慢冷却。

（3）冲洗

将欧泊仔细冲洗后，再在碳酸盐溶液中快速漂洗一下，然后冲干净，这样糖中

的氢和氧被去掉，而第三种元素碳留在欧泊裂纹和孔隙中，从而产生暗色背景。这种欧泊经放大观察，色斑呈破碎的小块并局限在欧泊的表面，结构为粒状，可见小黑点状炭质染剂在彩片或球粒的空隙中聚集。

3. 烟处理

烟处理的目的也是仿黑欧泊。用纸把欧泊裹好，然后加热，直到纸冒烟为止，这样可产生黑色背影，但这种黑色仅限于表面。另外用于烟处理的欧泊多孔，密度较低，其密度值仅为$1.38 \sim 1.39$ g/cm^3，用针头触碰，烟处理的欧泊可有黑色物质剥落，有黏感。

4. 注塑处理

在天然欧泊里注入塑料，以掩盖裂隙或使其呈现暗色的背景。注塑欧泊密度较低，约1.90 g/cm^3，可见黑色集中的小块，比天然欧泊透明度高，用热针触及，可有塑料的辛辣味。

帝王之石——青金石

一、青金石的概念

青金石（lapis lazuli），在中国古代称为璆琳、金精、瑾瑜、青黛等。佛教称为吠努离或璧琉璃，属于佛教七宝之一。

青金石是一种使用历史悠久的玉石。它的体色呈蓝紫色，粗粒材料可呈蓝白斑杂色，通过放大检查，可以看到内部具有黄铁矿斑点和白色方解石团块。青金石的品级是根据颜色、所含方解石和黄铁矿含量的多少而定的。最珍贵的青金石应该为紫蓝色，且颜色均匀，完全没有方解石和黄铁矿包裹体，并有较好光泽。

二、青金石的理化性质

1. 矿物组成

青金石的主要组成矿物是青金石，还含有方解石、黄铁矿、方钠石、透辉石、云母、角闪石等矿物。其化学成分受次要组成矿物的影响，如当青金石中方解石、透辉石等矿物增加时，Ca含量便会提高。

2. 晶系及结晶习性

青金石矿的主要组成矿物青金石为等轴晶系，晶形为菱形十二面体，为一种粒状矿物集合体。

3. 光学性质

青金石有玻璃光泽−树脂光泽，不透明−半透明，其颜色为深蓝色、紫蓝色、天蓝色、绿蓝色等。折射率约1.50。青金石在短波紫外线下可发绿色或白色荧光，青金岩内的方解石在长波紫外线下发褐红色荧光。

4. 物理性质

青金石无解理，可具粒状，不平坦断口；其硬度为5~6，密度为2.5~ 2.9 g/cm^3，一般为2.75 g/cm^3，取决于黄铁矿的含量。

三、青金石鉴评

青金石的品质评价可以依据颜色、质地、裂纹、切工和做工及体积（块度）等方面进行。

1. 颜色

青金石一般呈蓝色，其颜色是由所含青金石矿物含量的多少所决定的。好的青金石颜色深蓝纯正，无裂纹、质地细腻，无方解石杂质，可以做成首饰等（图5-3）。若交织有白石线或白斑，就会降低颜色的浓度、纯正度和均匀度，首饰的质量就会下降。

🔺 图5-3　青金石圆珠手串

2. 质地

青金石的质地应致密、细腻，没有裂纹，黄铁矿分布均匀似闪闪星光为上品。黄铁矿局部成片分布，则将影响到青金石玉石的质地，裂纹越明显质量等级越低。

3. 块度

即青金石块体积的大小。在同等质量条件下，青金石块体积越大，其价值也就越高。

4. 切工和做工

由于青金石具有美丽纯正的蓝色，因此优质、没有裂纹的青金石常可用作首饰石，用作首饰的青金石常被切磨成扁平形琢型和弧面形琢型。切磨成扁平形的青金石一般都是最优质的青金石玉石，而切磨成弧面形的青金石玉石与其相比较而言，品质要差一些，因此根据青金石切磨的琢型，也可以大致区分青金石的品质。

对扁平形青金石评价其切工时，应注意成品的轮廓和成品的厚度，一般厚度应不小于2.5 mm，小于这一厚度则品质等级将降低。对于用青金石琢成的玉器，应注意观察玉器的线条是否流畅、弯转是否圆润，还要评价整件玉器的比例是否适当，是否能产生整体和谐的美感。

四、青金石产地

所有青金石矿床均属接触交代的矽卡岩型矿床。

阿富汗东北部地区的青金石颜色很好，呈略带紫的蓝色，少有黄铁矿，一般没有方解石脉，是比较难得的高品质青金石。俄罗斯贝加尔地区的青金石以不同色调的蓝色出现，通常含有黄铁矿，质量较好。智利安第斯山脉的青金石一般含有较多的白色方解石并常带有绿色色调，价格较便宜。另外，缅甸、美国加州等地也有青金石产出。

五、青金石与相似玉石及其仿制品的鉴别

1. 方钠石

方钠石在颜色上与青金石较相似，但方钠石常为粗晶质结构，青金石多为粒状结构。方钠石的颜色往往呈斑块状，在蓝色的底色上常见白色或深蓝色斑痕，也常见白色或淡粉红色脉纹，极少见到黄铁矿包体，而青金石经常有黄铁矿斑点。

方钠石的透明度比青金石高。方钠石的密度（2.15~2.40 g/cm³）、折射率（1.483±）明显低于青金石。

2. 蓝铜矿和天蓝石

如果抛光良好，可以根据折射率将青金岩与蓝铜矿、天蓝石加以区分，蓝铜矿折射率为1.73~1.84，天蓝石折射率为1.612~1.643。另外，根据密度也可以将它们区分开来，蓝铜矿和天蓝石的密度分别是3.80 g/cm³和3.09 g/cm³。

3. 蓝色东陵石

含蓝线石的石英岩呈半透明，玻璃光泽，折射率较高，点测为1.53。放大检查蓝色东陵石中含有纤维状蓝线石，与青金石中的黄色黄铁矿不同。

4. 染色碧玉

染色碧玉商业上称为"瑞士青金石"，颜色分布不均匀，在条纹和斑块中富集，无黄铁矿，贝壳状断口；查尔斯滤色镜下通常不显示赭红色；折射率较高（1.53）；密度较低（2.6 g/cm³）。

5. 熔结的合成尖晶石

亮蓝色，颜色分布均匀，粒状结构，可含有细小的黄色斑点以模仿黄铁矿，光泽比青金石强，且通常抛光良好。查尔斯滤色镜下呈明亮的红色，完全不同于青金岩的赭红色。折射率（1.72）高于青金石，密度（3.52 g/cm³）也较高，如果使用分光镜可以观察到典型的红、绿、蓝区有钴的吸收谱。

6. "合成"青金石

由吉尔森制造并出售的一种"合成"青金石材料，实际上该材料是一种仿制品，而不是真正的合成材料，且含有较多的含水磷酸锌。这种材料与青金石的鉴别可从以下几方面进行：

（1）透明度

天然青金石微透明，光线可透过弧面形宝石的边缘，如果把光纤灯靠近玉石表面，可见有一部分光从玉石的边缘通过并

产生蓝色光晕，"合成"青金岩不透明，光照下边缘不会出现蓝色光晕。

（2）颜色

大多数天然青金石的颜色不均匀，而"合成"青金石颜色分布较均匀。

（3）包体

"合成"青金石也可含有黄铁矿包体，它是将天然黄铁矿材料粉碎、筛分后加入到粉末原料中的，一般均匀分布在整块材料中，且颗粒边沿平直，而天然材料中的黄铁矿轮廓不规则，黄铁矿呈小斑块或条纹状出现。

（4）密度

合成青金石的密度低于天然材料，一般小于 2.45 g／cm³，且孔隙度较高，放于水中一段时间后，重量会有所增加，这一点对镶嵌宝石的鉴别特别有效。

7. 染色大理岩

放大检查时，可以发现染色大理岩的颜色集中在裂隙和颗粒边界处，染料可被丙酮擦掉。这种材料硬度较小，可被小刀刻画。

8. 玻璃

用于仿青金石的蓝色玻璃不具有青金石的粒状结构，常有气泡和旋涡纹理。

六、青金石的优化处理及其鉴别

1. 浸蜡、浸无色油

某些青金石上蜡或浸无色油可以改善其外观，放大观察可发现局部蜡质脱落的现象。用热针靠近其表面，可发现有蜡或油析出。

2. 染色

蓝色染剂可改善劣质青金石的颜色，仔细观察可发现颜色沿缝隙富集。在不引人注意的部位用蘸有丙酮、酒精或稀盐酸的小棉签小心地擦拭，棉签可被染剂变蓝。如果发现有蜡，应先清除蜡层，然后再进行上述染色测试。

3. 黏合

某些劣质青金石被粉碎后用塑料黏结。当热针触探样品不显眼部位时，会有塑料的气味发出。放大检查时，可以发现样品具明显的碎斑块状构造。

绿意多姿——孔雀石

一、孔雀石的概念

孔雀石（malachite）在我国古代称为"石绿""铜绿""大绿""绿青"等。孔雀石由于颜色酷似孔雀羽毛上斑点的绿色而获得如此美丽的名字。

孔雀石是一种古老的玉料。孔雀石产于铜的硫化物矿床氧化带中，常与其他含铜矿物（蓝铜矿、辉铜矿、赤铜矿、自然铜等）共生。世界著名产地有赞比亚、澳大利亚、纳米比亚、俄罗斯、扎伊尔、美国等地区。中国主要产于广东阳春、湖北黄石和赣西北等地。

孔雀石，是一种脆弱但漂亮的石头，有"妻子幸福"的寓意。绿是最正、最浓的绿。绿的孔雀石，虽然不具备珠宝的光泽，却有种独一无二的高雅气质。孔雀石一般呈不透明的深绿色，具有色彩浓淡的条状花纹，这种独一无二的美丽是其他任何宝石所没有的，因此几乎没有仿冒品。

二、孔雀石的理化性质

孔雀石是含铜的碳酸盐矿物，化学式为$Cu_2CO_3(OH)_2$，一般呈绿色，有浅绿、艳绿、孔雀绿、深绿和墨绿，以孔雀绿为佳；具有玻璃光泽，丝绢光泽；半透明、微透明–不透明；折射率为$1.66\sim1.91$，在紫外线下有荧光惰性。孔雀石为单斜晶系，单晶体多呈细长柱状、针状，十分稀少；常呈纤维状集合体，通常为具条纹状、放射状、同心环带状的块状、钟乳状、皮壳状、结核状、葡萄状、肾状等。孔雀石通常不见解理，其集合体具参差状断口，其硬度为$3.5\sim4.0$，密度为$3.25\sim4.20$ g/cm³，通常3.95 g/cm³。

三、孔雀石的品种

孔雀石按其形态、物质构成、特殊光学效应及用途分为5个品种（图5-4）。

1.晶体孔雀石

具有一定晶形（如柱状）的透明–半透明的孔雀石，非常罕见。单晶个体小，

▲ 图5-4 孔雀石与蓝铜矿

刻面宝石仅重 0.5 ct，最大也超不过 2 ct。

2. 块状孔雀石

具块状、葡萄状、同心层状、放射状和带状等多种形态的致密块体。块体大小不等，大者可达上百吨。多用于制作玉雕和各种首饰的材料。

3. 青孔雀石

又称"杂蓝银孔雀石"。孔雀石和蓝铜矿紧密结合，构成致密块状，使绿色与深蓝色相映成趣，成为名贵的玉雕材料。

4. 孔雀石猫眼

具有平行排列的纤维状结构的孔雀石，垂直纤维琢磨成弧面形宝石，可呈现猫眼效应。

5. 孔雀石观赏石

指由大自然"雕塑"而成的、形态奇特的孔雀石，无须人工雕刻，以其天然造型即可作为陈设艺术品。通常可直接用作盆景，或用于观赏，故又名盆景石、观赏石。

四、孔雀石的鉴评

孔雀石的品质评价可从颜色、花纹、质地三方面考虑。

1. 颜色

一般以颜色鲜艳为好，以孔雀绿色为最佳，且花纹要清晰、美观。如广东阳春所产的孔雀石绿色炫丽，犹如色彩艳丽的孔雀羽毛，十分珍贵。

2. 质地

质地以结构致密、质地细腻、无孔洞，且硬度和密度要较大为好。

3. 块度

块度要求越大越好。不过，孔雀石可用作首饰、玉雕和图章料，大小均可，且价值随着重量的增加而增加。

另外，孔雀石的鉴定可以通过其特有的孔雀绿色，典型的条带、同心环带构造，遇盐酸起泡等特征识别之。

五、孔雀石与相似玉石的区别

孔雀石一般不容易与相似玉石混淆，但是与绿松石、硅孔雀石相似，较易混淆。

1. 与硅孔雀石的区别

与孔雀石相比，硅孔雀石硬度小，为2～4；密度小，为2.0～2.4 g/cm³；折射率低，为1.461~1.570，点测法为1.50左右。

2. 与绿松石的区别

与孔雀石相比，绿松石硬度大，为5～6；密度小，2.4～2.9 g/cm³；折射率小，为1.61左右。绿松石也没有同心环带状花纹（图5-5）。

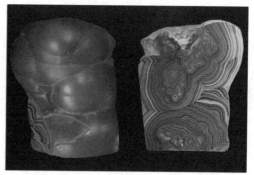

▲ 图5-5　孔雀石

六、孔雀石的主要鉴定特征

1. 原石鉴定

孔雀石原石以其特有的孔雀绿色，典型的条带、同心环带构造，遇盐酸起泡等特征即可识别之。

2. 成品鉴定

孔雀石具有特征的孔雀绿色、美丽的花纹和条带（即颜色分层或弯曲的同心条带）等特点，一般不与其他珠宝相混，非常好识别。

七、孔雀石的优化处理

1. 浸蜡

孔雀石的浸蜡是将蜡从表面浸入以掩盖小裂缝。放大检查可见光泽有差别，热针可使蜡熔化。

2. 充填处理

用塑料或树脂充填以利于抛光和掩盖小裂缝，改善其耐久性。热针可熔化塑料或树脂并伴有辛辣气味，放大检查可见充填物。

八、合成孔雀石及其鉴别

合成孔雀石是 1982 年首先由原苏联试制成功的。合成孔雀石由众多的致密的小球粒团块组成，其产生和生长由结晶条件控制，合成的样品小至0.5 kg，大至几千克。

合成孔雀石按纹理可分为带状、丝状和胞状三种类型。

1. 带状合成孔雀石

是由针状或板状孔雀石晶体和球粒状孔雀石集合而成的，颜色由淡蓝至深绿甚至黑色。条带宽从零点几毫米至3~4 mm不等，呈直线、微弯曲或复杂的曲线状，其外观与扎伊尔孔雀石相似。

2. 丝状合成孔雀石

是由厚0.01~0.1 mm、长几十毫米的单晶体构成的丝状集合体，平行于晶体延伸方向切割琢磨成弧面宝石，可呈现猫眼现象。然而在垂直晶体延伸方向切割时，截面几乎呈黑色，所以，丝状合成孔雀石做玉石不很理想。

3. 胞状合成孔雀石

有放射状和中心带状两种形式。放射状孔雀石是胞体从相对于球粒核心中央作散射状排列，胞状球体的颜色，在中央几乎是黑色，逐渐由核心向边沿散射而变成淡绿色。而中心带状孔雀石，每个带是由粒度约 0.01~3 mm 的球粒组成的，颜色从浅绿到深绿色。胞状孔雀石是最高级的合成孔雀石，几乎与著名的乌拉尔孔雀石相同。

经证明，合成孔雀石的化学成分、颜色、密度、硬度、光学性质及X 射线衍射谱线等方面与天然孔雀石相似，仅在热谱图中呈现出较大的差异。所以，差热分析是鉴别天然孔雀石与合成孔雀石唯一有效的方法。然而，这种分析属破坏性鉴定，在鉴定中应慎用。

细腻缠丝——石英玉

石英矿物在地壳中分布广泛，以石英为主的玉石品种繁多。按照结晶程度可分为显晶质石英玉（*石英岩、木变石等*）和隐晶质石英玉（*玉髓、玛瑙等*）。石英玉的应用历史悠久，早在 50 万年前的周口店北京人文化遗址中就发现有用玉髓制作的石器。

一、石英玉的基本性质

1. 矿物组成

石英玉的组成矿物主要是隐晶质–显晶质石英，另可有少量云母类矿物、绿泥石、褐铁矿、赤铁矿、针铁矿、黏土矿物等。

2. 化学组成

石英玉的化学组成主要是 SiO_2，另外，可有少量 Ca、Mg、Fe、Mn、Ni、Al、Ti、V 等元素的存在。

3. 结构、构造

石英玉呈显微隐晶质–显晶质集合体。粒状结构、纤维状结构、隐晶质结构。块状、团块状、条带状、皮壳状、钟乳状构造。

4. 颜色

石英玉颜色丰富，常见白色、绿色、灰色、黄色、褐色、橙红色、蓝色等。石英玉纯净时为无色。当含有不同的微量元素（*如Ni 等*）或混入其他有色矿物时，可呈现不同的颜色。

抛光平面可呈玻璃光泽、油脂光泽或丝绢光泽，微透明–透明，断口一般呈油脂光泽。

5. 力学性质

由于结晶程度和所含杂质的影响，密度会有一定的变化，一般在 2.55～2.71 g/cm^3 左右。

硬度略低于单晶石英，摩氏硬度为 6.5～7。

二、石英玉的品种

石英玉根据结构构造、矿物组合、矿物成因特点等，可分为如下几种：

隐晶质石英玉

根据结构、构造特点及次要矿物含量，隐晶石英玉可分为玉髓、玛瑙两个品种。

1.玉髓

超显微隐晶质石英集合体，多呈块状产出。单体呈纤维状，杂乱或略定向排列，粒间微孔内充填水分和气体。含 Al、Ca、Ti、Mn、V 等微量元素或其他矿物的细小颗粒。根据颜色和所含其他矿物，玉髓又可细分为以下品种：

（1）白玉髓　灰白-灰色，成分单一。微透明-半透明。

（2）红玉髓　红-褐红色，由微量 Fe 致色（部分样品经分析，Fe_2O_3 质量分数在 1.7%左右）。微透明-半透明。

（3）绿玉髓　不同色调的绿色，由 Fe、Cr、Ni 等杂质元素致色，也可由细小的绿泥石、阳起石等绿色矿物的均匀分布引起颜色。微透明-半透明（图 5-6）。

澳大利亚出产的绿玉髓，又称澳洲玉或澳玉。颜色为均匀的绿色，由 Ni 致色，常带黄色调和灰色调，高品质者呈较鲜艳的苹果绿色。

（4）蓝玉髓　灰蓝-蓝绿色，由所含蓝色矿物产生颜色。不透明-微透明。台湾产蓝玉髓呈蓝色、蓝绿色，颜色均匀，由 Cu^{2+} 致色。硬度接近于 7。密度 2.58 g/cm^3 左右。不透明-半透明。高质量的台湾蓝玉髓的颜色与高质量的天蓝色的绿松石颜色相近（图5-7）。

除以上四种玉髓外，还有一些含杂质较多的玉髓，杂质主要为氧化铁和黏土矿

图5-6　绿玉髓

图5-7　蓝玉髓

物，含量可达 20％以上，在商业上俗称"碧玉"。它们多不透明，颜色呈暗红色、绿色。商业中常按颜色命名，如绿碧玉、红碧玉（又称羊肝石，图5-8）；有时也可按特殊花纹来命名，如风景碧玉、血滴石等。其中，风景碧玉是一种彩色碧玉，不同颜色的条带、色块交相辉映，犹如一幅美丽的自然风景画，故而

△ 图5-8 羊肝石

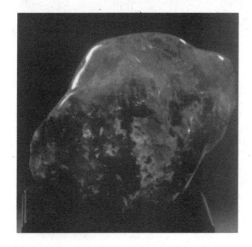

△ 图5-9 血滴石

得名；血滴石（图5-9）是一种暗绿色不透明-微透明的碧玉，其上散布着棕红色斑点，犹如滴滴鲜血，得名血滴石，血滴石最有名的产地为印度。

2. 玛瑙

具条带状构造的隐晶质石英玉。按照颜色、条带、杂质或包体等特点，可分为以下品种：

（1）按颜色分类

白玛瑙　灰-灰白色，纯白色很少见。白玛瑙中的条带状构造是由于颜色或透明度的细微差异所致。白玛瑙除大块、色较均匀者做雕刻品外，绝大部分需染色后才可使用。

红玛瑙　天然产出的红玛瑙很少有颜色很深的，多呈较浅的褐红色、橙红色。块体内不同深浅、不同透明度的红色条带与白色条带相间分布。红色由细小的氧化铁颗粒引起。市场上出现的红玛瑙多是由热处理或人工染色而成的。

绿玛瑙　天然产出的绿玛瑙很少有颜色特别鲜艳的，多呈一种淡淡的灰绿色，其颜色由所含绿泥石等细小矿物产生。市场上出现的绿玛瑙多是由人工染色而成的。

——地学知识窗——

南红玛瑙

南红玛瑙，简称"南红"，质地细腻、产量稀少，主要产于我国云南保山和四川凉山地区。主要颜色有柿子红、玫瑰红、朱砂红、红白料、缟红料、樱桃红，呈透明-半透明的变化色。南红玛瑙具有胶质感，且有类似和田玉般的油脂光泽（图5-10，图5-11）。

随着南红玛瑙市场价格的上涨，其仿制品也开始出现在市场上，如红碧石、料器（玻璃）等。也有利用其他颜色的天然玛瑙，经过人工烧色、人工染色、人工注胶等手段进行仿制的（图5-12）。

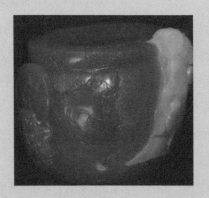

▲ 图5-10 云南保山南红

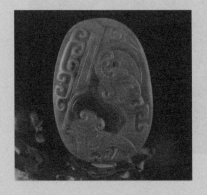

▲ 图5-11 四川凉山南红

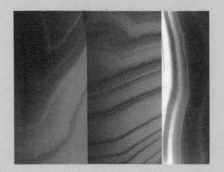

◀ 图5-12 人工烧色红玛瑙

（2）按条带分类

缟玛瑙　亦称条纹玛瑙，一种颜色相对简单、条带相对清晰的玛瑙。常见的缟玛瑙可有黑、白相间的条带或红、白相间的条带。当缟玛瑙的条带变得十分细窄时，又可称为缠丝玛瑙。较名贵的一种缠丝玛瑙由缠丝状红、白相间的条带组成。

（3）按杂质或包体分类

苔纹玛瑙　为一种具苔藓状、树枝状图形的含杂质玛瑙。一般绿色由绿泥石的细小鳞片聚集而成；黑色由铁、锰的氧化物聚集而成。苔纹玛瑙在工艺上有较高的价值，那些绿色、黑色图案给人以丰富的想象，因此，苔纹玛瑙成为玛瑙中的名贵品种。火玛瑙在玛瑙的微细层理之间含有薄层的液体或红色板状赤铁矿等矿物包体。在光的照射下可产生干涉、衍射效应，如果切工正确，火玛瑙将显示五颜六色的晕彩。

水胆玛瑙　封闭的玛瑙晶洞中包裹有天然液体（一般是水），称为水胆玛瑙（图5-13）。当液体被玛瑙四壁（通常由微粒石英组成的不透明薄壳）遮挡时，整个玛瑙在摇动时虽有响声，但并无工艺价值；当液体位于透明-半透明空腔中时，这种玛瑙才有较大的工艺价值。

　图5-13　水胆玛瑙

（4）其他商业品种

除上述分类外，产于南京地区的雨花石和西藏的天珠，其主要成分也是隐晶质的二氧化硅。

雨花石（图5-14）分为广义雨花石和狭义雨花石两大类。广义雨花石是指各种卵状砾石，它既包括千姿百态的玛瑙石，也包括各种色彩的燧石、硅质岩、石英岩、脉石岩、硅化灰岩、火山岩及蛋白石、水晶、紫水晶等。狭义的雨花石是指产于南京雨花台砾石层中的玛瑙。由于雨花石具有纹带状的显著特征，故古时称之为"文石"或"纹石"。

雨花石具有红、黄、蓝、绿、褐、灰、紫、白、黑等多种色调，且花纹变化万千，被誉为观赏石中的"天下第一美石"。

天珠是西藏宗教的一种信物。根据天珠表面圆形图案多少分为：一眼天珠、二眼天珠直至九眼天珠。其主要矿物成分为玉髓。市场常见的天珠多数经过优化处理。另外，也有树脂、玻璃等材料制作的仿制品。

▲ 图5-14 雨花石

显晶质石英玉（石英岩、东陵石）

显晶质石英玉由粒状石英颗粒集合体所组成。粒度一般为 0.01~0.6 mm。集合体呈块状，微透明–半透明。密度与单晶石英相近，2.64～2.71 g／cm³。纯净者无色，若含有细小的其他有色矿物，可呈现出不同的颜色。商业中常以产地命名，如京白玉（产于北京郊区）、密玉（产于河南省新密市）、贵翠（产于贵州省）。显晶质石英玉的常见品种为东陵石。

东陵石是一种具砂金效应的石英玉，常因含有其他颜色的矿物而呈现不同的颜色。含铬云母者呈现绿色，称为绿色东陵石（图4-15）（*而我国新疆产的绿色东陵石内含绿色纤维状阳起石*）；含蓝线石者呈现蓝色，称为蓝色东陵石；含锂云母者呈现紫色，称为紫色东陵石。总体来讲，东陵石的石英颗粒相对较粗，其内所含的片状矿物相对较大，在阳光下片状矿物可呈现一种闪闪发光的砂金石效应。

国内市场上最常见的是绿色东陵石。放大镜下可以看到粗大的铬云母鳞片，大致定向排列，滤色镜下略呈褐红色。

▲ 图5-15 东陵石

二氧化硅交代的玉石（木变石）

木变石亦称为硅化石棉，其原矿物为蓝色的钠闪石石棉，后期被二氧化硅所交代，但仍保留其纤维状晶形外观，呈纤维状结构。高倍显微镜下观察，"纤维"细如发丝，定向排列，交代的二氧化硅已具脱玻化现象，呈非常细小的石英颗粒。由于置换程度的不同，木变石的物理性质略有差异。SiO_2置换程度较高者，硬度接近于 7，密度相对较低，一般来讲密度变化于 $2.64 \sim 2.71$ g／cm^3 之间。微透明–不透明。丝绢状光泽。根据颜色可将木变石分为虎睛石、鹰睛石等品种。

1. 虎睛石

为棕黄、棕–红棕色、黄褐色、褐色的木变石。黄褐色、褐色则是所含铁的氧化物——褐铁矿所致。成品表面可具丝绢光泽。当组成虎睛石的纤维较细、排列较整齐时，弧面形宝石的表面可出现猫眼效应（图5-16）。

虎睛石的猫眼效应一般眼线较宽，左右摆动一般很少见到像金绿宝石猫眼那样的眼线的开合现象。

2. 鹰睛石

为灰蓝色、暗灰蓝色、蓝绿色的木变石。蓝色是残余的蓝色钠闪石石棉的颜色。也可具有猫眼效应。

▲ 图5-16　虎睛石猫眼效应

3. 斑马虎睛石

是黄褐色、蓝色呈斑块状间杂分布的木变石。

三、石英玉的优化处理及其鉴别

石英玉的优化处理，主要采用热处理和染色两种方法，另外，还有水胆玛瑙的注水处理等。

1. 热处理

用于热处理的品种主要有玛瑙和虎睛石。不均匀的浅褐红色玛瑙直接在空气中加热，可以变成较均匀、较鲜艳的红色。这是因为玛瑙中含有少量褐铁矿。在高温氧化条件下，褐铁矿中的 Fe^{2+} 转换为 Fe^{3+} 且水分被消除，褐铁矿转换为赤铁矿，从而使玛瑙变成较鲜艳的红色。

虎睛石的热处理原理与玛瑙相同。黄褐色的虎睛石在氧化条件下，加热处理可转变成褐红色。虎睛石在还原条件下加热处理可转变成灰黄色、灰白色，可用于仿金绿宝石猫眼。

2. 染色

目前，市场上的绝大部分玉髓（玛瑙）制品是经过染色处理的。这其中又可分为有机染料直接浸泡致色和无机染料渗入、反应沉淀致色等。经染色处理的玉髓（玛瑙）表现为极其鲜艳均匀的红色、绿色、蓝色等。玉髓（玛瑙）的染色属于优化（图5-17）。

石英岩的染色处理方法是先将石英岩加热，淬火后再染色。主要染成绿色，市场上俗称"马来西亚玉"。石英颗粒直径为 0.03~0.3 mm 不等，摩氏硬度 6.5~7，密度2.63~ 2.65 g／cm^3。放大检测可见染料在颗粒间分布，呈丝网状。

🔺 图5-17　玉髓

3. 水胆玛瑙的注水处理

当水胆玛瑙有较多裂隙或在加工过程中产生裂缝时，水胆中的水便会缓慢溢出，直至干涸，整个水胆玛瑙失去其工艺价值。处理的办法是将水胆玛瑙浸于水中，利用毛细作用，使水回填，或采用注入法使水回填，最后再用胶等将细小的缝堵住。其鉴定方法是观察在水胆壁上有无人工处理的痕迹。在可疑处用针尖轻轻刻画，若发现有胶质或蜡质充填的孔洞或裂隙，则可能经过注水处理。

四、石英玉与其仿制品的鉴别

石英玉的仿制品主要是玻璃。这些玻璃制品呈完全的玻璃质或半脱玻化。可有红、绿等颜色，有的还可具环带状结构。与玛瑙等石英玉相比，这些玻璃仿制品有着更低的密度和折射率，可含气泡，在正交偏光镜下多表现为完全消光或异常消光。

五、石英玉的质量评价

石英玉可用于制作各种饰物，如小挂件、手镯、项串、雕件、戒面等。其质量要求和评价可以从以下几个方面衡量：

1. 颜色

石英玉原料应有一定的颜色，或可以染成一定的颜色，如绿色、黄色、红色等。灰色、褐色杂色的石英岩质玉很难直接用于染色。颜色应相对均匀，成品颜色应越纯正越鲜艳 越好。

2. 特殊的图案及包体

当石英玉原料的颜色能形成一定花纹、图案，如玛瑙内红、白相间的色带有规律排列，形成缠丝玛瑙时，碧玉中的不均匀颜色能形成一种风景图案时，材料的价值将有所提高。

另外，当石英玉内的有色矿物包体能形成一定图案时，如绿泥石鳞片的排列形成的水草玛瑙、铁锰质杂质聚集形成的苔纹玛瑙的价值都要高于灰白色玛瑙。成品图案越美观越有意境越好。

水胆玛瑙的"水胆"越大、"水"越多、透明度越高，其价值越高。

3. 质地

石英玉要求结构均匀细腻，结合致密，裂纹、杂质、"沙芯"越少越好。

4. 透明度

石英玉要有一定的透明度，完全不透明的材料较难设计和应用。

5. 块度

要求有一定的块度。

6. 加工工艺

石英玉原材料价值一般都很低，但在加工中如果构思巧妙、俏色新异、加工精细， 同样可具有很高的价值，如我国传统玉雕的"虾盘""龙盘""水漫金山"（水胆玛瑙摆件） 都被誉为国宝级雕件。

六、石英玉的产地简介

石英玉的产地多、产状各异。玉髓（玛瑙）矿床包括原生矿和次生矿两类。原生矿主要产于基性、中性岩中和火山侵入体，凝灰岩的气孔、裂隙中，由富含二氧化硅的胶体溶液充填冷凝而成。次生矿床由原生矿床风化、淋滤、搬运而成。如南京的雨花石、内蒙古的玛瑙湖。我国已有20多个省市发现了玉髓（玛瑙）矿床。石英岩主要产于由区域变质作用和热液接触变质作用形成的石英岩中。而河南的密玉则产于变质石英岩的裂隙中，属于后期热液交代型矿床。木变石主要产于变质的石棉矿床中，如河南的内乡-淅川一带、贵州的罗甸等地。石英玉矿的产地很多，几乎世界各地都有产出。

文士之宠——印章石

一、寿山石

寿山石（shoushan stone）为中国传统"四大印章石"品种之一（图5-18），分布在福州市北郊晋安区与连江县、罗源县交界处的"金三角"地带，因主要产于福建寿山而得名。若以矿脉走向，可分为高山、旗山、月洋三系；按其产状可分为田坑、水坑、山坑三大类。

▲ 图5-18 寿山石

寿山石矿床分布于福建省福州市北郊寿山村周围群峦、溪野之间，西自旗山，东至连江县隔界，北起墩洋，南达月洋，方圆十几千米。寿山石属热液交代（充填）型叶蜡石矿床。根据地质研究，距今1.4亿万年前的侏罗纪，由于岩浆作用引起火山喷发，形成火山岩、火山碎屑岩，在火山喷发的间隙或喷发后期，伴有大量的酸性气、热液活动，交代分解围岩中的长石类矿物，将K、Na、Ca、Mg和Fe等杂质淋失，而残留下来的较稳定的Al、Si等元素，或重新结晶成矿，或由岩石中溶离出来的Al、Si质溶胶体，沿周围岩石的裂隙沉淀晶化而成矿。

寿山石主要由地开石组成，其次是珍珠陶石、高岭石、伊利石、叶蜡石、滑石和石英，另含少量硬水铝石、红柱石、绿帘石和黄铁矿等。

寿山石主要呈显微鳞片变晶结构，或变余凝灰结构及变余角砾结构等，并具有团粒状超微结构。寿山石主要呈致密块状构造，其次为角砾状构造、墙纹构造。另外，田坑石和某些水坑石还具有特殊的条纹构造，俗称"萝卜纹"。

由于寿山石的折射率较低，硬度较小，因而光泽较弱，一般呈蜡状光泽。其原石一般无光泽或呈土状光泽，个别透明度好者呈蜡状光泽或油脂光泽。而其抛光面一般均呈蜡状光泽或油脂光泽，个别可呈玻璃光泽。

二、青田石

青田石产于浙江省青田县，其色彩丰富，花纹奇特，是中国著名的印章石之一（图5-19）。青田石有黄、白、青、绿、黑、灰等多种颜色，但与寿山石强调色彩的浓郁相比，更偏重清淡、雅逸。青田石的最大特点是一块石头有多种颜色，甚至多达十几种颜色，天然色彩十分丰富（图5-20）。青田石是一种变质的中酸性火山岩，蚀变为流纹岩质凝灰岩，主要矿物成分为叶蜡石，还有石英、绢云母、硅线石、绿帘石和一水硬铝石等。其主要化学成分是Al_2O_3和SiO_2，摩氏硬度为2.5~3，密度为2.6~2.7 g/cm³，折射率为1.545~1.599，呈蜡状、油脂状或玻璃光泽。

据统计，青田石的种类有上百种之多。其中，名品包括微透明而淡青中略带黄的封门青、晶莹如玉而"照之璨如灯辉"的灯光冻、色如幽兰而通灵微透的兰花青等。此外，还有黄金耀、竹叶青、芥菜绿、金玉冻、白果青田、红青田（美人红）、紫檀、蓝花钉、封门

图5-19 青田石印章

图5-20 青田石摆件

三彩（三色）、水藻花、煨冰纹、皮蛋冻、酱油冻等，均与实物名称相类，较易辨别。备受赞誉的"封门青"，矿量奇少，色泽高雅，质地温润，以清新见长，带有隐逸淡泊的意蕴，被誉为"石中之君子"。青田石中的名贵品种首推灯光冻，其次为蓝花青田、封门青、竹叶青、芥菜绿、金玉冻、黄金耀，奇石者有龙蛋、封门三彩、夹板冻、紫檀花冻等。灯光冻为青色微黄，莹洁如玉，细腻纯净，半透明，产于青田的山口封门、旦洪一带者为正宗。

三、昌化石

昌化石（Changhua stone）产于浙江省临安昌化镇，产于侏罗纪蚀变流纹岩和流纹凝灰岩中的地开石-高岭石中。昌化石具油脂光泽，微透明-半透明，极少数透明，其主要矿物成分为叶蜡石。昌化石石质相对多砂，一般都比寿山石和青田石

稍硬，且硬度变化较大。质地也不如二者细润，但也有质地细嫩者及各种颜色冻石。

昌化石品种很多，大部分色泽沉着，性韧涩，明显带有团片状细白粉点。按颜色分有白冻（透明，或称鱼脑冻）、田黄冻、桃花冻、牛角冻、砂冻、藕粉冻（为主）等，均为优良品种。色纯无杂者稀贵，质地纤密，韧而涩刀，少含砂丁及杂质。

昌化石的颜色有白、黑、红、黄、灰等各种颜色，品种也细分成很多种，多以颜色区分清楚。如白色者称"白昌化"，多种颜色相间者则称"花昌化"。而昌化石中，最负盛名的便是"昌化鸡血石"（图5-21，图5-22）。

鸡血石实际是朱砂矿物以浸染状或者

▲ 图5-21 昌化鸡血石印章

▲ 图5-22 昌化鸡血石摆件

细脉状分布于地开石基质之上，或浓或淡，或斑或片，艳红如鸡血，与基质相映，给人以强烈的视物感觉效果。鸡血石以血的分布、血色鲜艳及底色纯净温润来决定品质。昌化鸡血石现产量相当有限，所以尤为珍贵。鸡血石含有辰砂（朱砂）、石英、方解石、辉锑矿、地开石、高岭石、白云石等矿物，且大部分含硫化汞等多种成分的硅酸盐矿物。鸡血石的颜色有鲜红、淡红、紫红、暗红等，最可贵的颜色是带有活性的鲜血红。昌化鸡血石的硬度一般为2.5～3，密度为2.7～3.0 g/cm³，折射率为1.561~1.564，呈蜡状光泽、油脂光泽，微透明-半透明的为石中精华，具有鲜红艳丽、晶莹剔透的特点，历来跟玛瑙、翡翠、钻石一样被人们所珍视，被誉为中华国宝。

四、巴林石

巴林石又称林面石（balin stone），主要产于内蒙古自治区巴林右旗的雅玛吐山北面的大小化石山一带。巴林石为侏罗纪蚀变流纹岩中的地开石-高岭石或地开石-叶蜡石质岩石中。含辰砂的即著名的巴林鸡血石（图5-23）。按血量和血形分为全红、条带红、斑杂红、星点红、云雾红等品种。巴林石以红、黑、黄或者红黄白色最为著名，属铝硅酸盐类，由高岭石、叶开石为主的多种矿物质组成，因矿床坐落于内蒙古巴林右旗草原而得名。巴林石学名叶蜡石，早在1 000多年前就被发现，并作为贡品进奉朝廷，被一代天骄成吉思汗称为"天赐之石"。巴林石除了硅和铝以外，还含有钙、镁、硫、钾、钠、锰、铁、钛等多种元素，各种元素在比例上的变化造就了巴林石丰富的色彩。如铁元素较多的会使石头呈黄、红色，锰元素的侵入就出现了石中有水草花的现象，铝元素多了石材一般就会呈现灰色和白色。

巴林石质地细腻、温润柔和，透明度

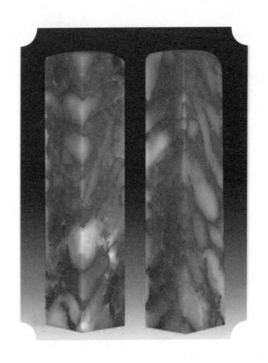

🔺 图5-23　巴林鸡血石

较高，硬度却比寿山石、青田石、昌化石软，宜于治印或雕刻精细工艺品，为上乘石料。稍显不足的是色素成分不够稳定，比如其中的鸡血石较易氧化、褪色，尤其是在阳光和紫外线的照射下，汞极易分解，从而导致部分鸡血石有不同程度的褪色现象。再细看两者的质地，巴林石多花纹，昌化石较纯粹。

巴林石有福黄石、鸡血石、彩石、冻石、图案石五大类。福黄石因长期受地下水浸泡，显油、洁、润、腻、温、凝特点。其他巴林石主要有朱红、橙、黄、紫、白、灰、黑等颜色，多呈不透明或微透明，质地细腻润滑，晶莹如玉，是名贵的石雕材料。巴林石雕最善于塑造鸟羽、马鬃、牛蹄、羊眼、草坪、花瓣等，由一石一题雕刻而成。巴林石刻出的鸡血图章，被行家称作是各类印章中的珍品。

参考文献

[1]《矿产资源工业要求手册》编委会. 矿产资源工业要求手册[M]. 北京:地质出版社，2014.

[2]张蓓莉. 系统宝石学[M].北京:地质出版社, 2006.

[3]孔庆友. 地矿知识大系 [M]. 济南:山东科学技术出版社, 2014.

[4]王长秋, 崔文元, 曹正民, 王时麒, 朱炜炯.珠宝鉴赏与珠宝文化教程[Z].2012.

[5]肖秀梅.水晶鉴定[M].福州: 福建美术出版社,2012.

[6]周南泉, 张广文.玉器鉴定[M]. 福州: 福建美术出版社,2010.